职业教育数字媒体技术专业系列教材

图形图像处理

主　编　张　峻
副主编　段岩涛
参　编　栗　军

机 械 工 业 出 版 社

本书根据职业院校教学的实际需求，以图形图像处理的项目应用为导向，以循序渐进的方式，细致地讲解了 Photoshop 和 Illustrator 的基本操作和功能，帮助学生理解和掌握软件的基础知识和制作技巧，完成专业的图形图像处理项目。同时，开拓学生的设计思路，提升设计能力，达到学以致用的目的。本书包含 8 个项目，前 5 个项目为 Photoshop 相关内容的讲解，后 3 个项目为 Illustrator 相关内容的讲解，每个项目包含必备知识的介绍、任务的解析和拓展练习。

本书适合作为职业院校数字媒体技术及相关专业的教材，也可作为从事平面设计工作的人员和相关人士的参考用书。

为方便教师教学和学生学习，本书配有电子课件和素材文件，教师可登录机械工业出版社教育服务网（www.cmpedu.com）免费注册后下载，或联系编辑（010-88379197）咨询。

图书在版编目（CIP）数据

图形图像处理/张峻主编. —北京：机械工业出版社，2023.9

职业教育数字媒体技术专业系列教材

ISBN 978-7-111-72378-3

Ⅰ. ①图… Ⅱ. ①张… Ⅲ. ①图像处理软件—高等职业教育—教材　Ⅳ. ①TP391.413

中国国家版本馆CIP数据核字（2023）第132733号

机械工业出版社（北京市百万庄大街22号　邮政编码100037）

策划编辑：徐梦然　　　　　　　　责任编辑：徐梦然

责任校对：张亚楠　刘雅娜　陈立辉　封面设计：陈　沛

责任印制：单爱军

北京虎彩文化传播有限公司印刷

2023年9月第1版第1次印刷

210mm×297mm・13.75印张・424千字

标准书号：ISBN 978-7-111-72378-3

定价：55.00元

电话服务	网络服务
客服电话：010-88361066	机 工 官 网：www.cmpbook.com
010-88379833	机 工 官 博：weibo.com/cmp1952
010-68326294	金 书 网：www.golden-book.com
封底无防伪标均为盗版	机工教育服务网：www.cmpedu.com

前 言

Photoshop和Illustrator都是当今流行的图像处理和矢量图形设计软件，在设计领域中有非常广泛的应用。Photoshop多用于图书封面设计、招贴海报设计等领域，Illustrator多用于文字设计、插图绘制、UI图标制作等领域。

本书特点

本书以实用为主线，通俗易懂，难易结合，定位明确，通用性强。学生可以参考本书内容边学习、边实践，在实践中逐步掌握软件的各种基本功能，学以致用。本书既有以熟悉软件基本操作为目的的简单操作，又包含一些较为复杂的图形图像处理技法，案例选取内容丰富，操作步骤讲解清晰，各项目内容安排紧凑，主题和素材的内在联系紧密。本书适合作为职业院校数字媒体技术及相关专业的教材，也可作为从事平面设计工作的人员和相关人士的参考用书。

本书内容安排

本书以项目应用为导向，将知识点融入实际应用的典型任务中，以深入浅出、直观易懂的讲解方式，帮助读者提升综合设计与应用能力。本书包含8个项目，前5个项目为Photoshop相关内容的讲解，后3个项目为Illustrator相关内容的讲解，具体内容安排如下：

项目1为图形图像处理入门，帮助学生了解Photoshop的操作界面、基本功能、菜单、工具箱和面板组等相关知识；认知Photoshop文件的操作、基础知识、常用图像格式以及应用领域与趋势；熟悉选区、钢笔工具及图层的基本概念和应用方法；掌握水果篮图片合成和荷花特效制作任务的制作思路和制作流程。

项目2主要讲解人物与背景合成制作，帮助学生了解Photoshop中快速蒙版、画笔工具和通道的相关知识以及基本应用；熟练掌握白色背景人物头像和蔚蓝天空背景与人物合成制作任务的制作思路和制作流程。

项目3主要讲解琥珀图标与攀岩人物形象制作，帮助学生了解Photoshop图层、路径、图层样式的基础知识、基本原理以及使用技巧；熟练掌握琥珀图标和攀岩人物形象制作任务的制作思路和制作流程。

项目4主要讲解特效人物广告制作，帮助学生了解Photoshop中图层蒙版、通道蒙版、矢量蒙版以及滤镜的相关知识以及基本应用；熟练掌握风景人物海报制作任务的制作思路和制作流程。

项目5主要讲解图像色彩调色与修饰，帮助学生了解Photoshop中调色工具和Camera Raw的相关知识以及基本应用；熟练掌握风景图片的调整与修饰和调出人物清透水润感彩妆效果任务的制作思路和制作流程。

项目6主要讲解字母文字和企业标识制作，帮助学生了解Illustrator工作环境、基础知识以及文件操作；熟练掌握字母文字制作和企业标识制作任务的制作思路和制作流程。

项目7主要讲解时尚插画制作，帮助学生了解面板工具和基本工具的应用，图层与蒙版的应用；熟练掌握时尚人物插画、时尚风景插画和时尚元素插画制作任务的制作思路和制作流程。

项目8主要讲解文创产品与文化元素海报制作，帮助学生熟练掌握文创产品和文化元素海报制作任务的制作思路和制作流程。

本书由北京电子科技职业学院张峻任主编，北京电子科技职业学院段岩涛任副主编，参加编写的还有北京电子科技职业学院栗军。

由于编者水平有限，书中难免有疏漏和不妥之处，敬请广大读者批评指正。

编 者

二维码索引

序号	名称	二维码	页码	序号	名称	二维码	页码
1	荷花特效制作		23	6	字母文字制作		159
2	琥珀图标制作		63	7	时尚人物插画制作		182
3	风景人物海报制作		97	8	时尚风景插画制作		187
4	风景图片的调整与修饰		128	9	时尚元素插画制作		191
5	调出人物清透水润感彩妆效果		135	10	文化元素海报制作		205

目 录

前言
二维码索引

项目1 图形图像处理入门

学习目标 // 001
必备知识 Photoshop基础认知 // 002
必备知识 选区、钢笔工具及图层的应用 // 014
任务1 水果篮图片合成 // 019
任务2 荷花特效制作 // 023
项目小结 // 028

项目2 人物与背景合成制作

学习目标 // 029
必备知识 快速蒙版的应用 // 030
必备知识 画笔工具的应用 // 031
必备知识 通道的应用 // 037
任务1 白色背景人物头像制作 // 042
任务2 蔚蓝天空背景与人物合成制作 // 044
项目小结 // 050

项目3 琥珀图标与攀岩人物形象制作

学习目标 // 051
必备知识 图层与路径的应用 // 052
必备知识 路径与路径文字的应用 // 058
任务1 琥珀图标制作 // 063
任务2 攀岩人物形象制作 // 070
项目小结 // 075

项目4 特效人物广告制作

学习目标 // 077
必备知识 蒙版与滤镜的应用 // 078
任务 风景人物海报制作 // 097
项目小结 // 102

目 录

项目5 图像色彩调色与修饰

学习目标 // 103

必备知识 调色工具的应用 // 104

必备知识 Camera Raw的应用 // 114

任务1 风景图片的调整与修饰 // 128

任务2 调出人物清透水润感彩妆效果 // 135

项目小结 // 140

项目6 字母文字和企业标识制作

学习目标 // 141

必备知识 Illustrator基础概述 // 142

任务1 字母文字制作 // 159

任务2 企业标识制作 // 166

项目小结 // 173

项目7 时尚插画制作

学习目标 // 175

必备知识 面板工具与基本工具的应用 // 176

必备知识 图层与蒙版的应用 // 180

任务1 时尚人物插画制作 // 182

任务2 时尚风景插画制作 // 187

任务3 时尚元素插画制作 // 191

项目小结 // 197

项目8 文创产品与文化元素海报制作

学习目标 // 199

任务1 文创产品制作 // 200

任务2 文化元素海报制作 // 205

项目小结 // 210

参考文献 // 211

Project 1

图形图像处理入门

学习目标

- ★ 了解Photoshop的操作界面、基本功能、菜单、工具箱和面板组等相关知识
- ★ 认知Photoshop文件的操作、基础知识、常用图像格式以及应用领域与趋势
- ★ 熟悉选区、钢笔工具及图层的基本概念和应用方法
- ★ 掌握水果篮图片合成任务的制作思路和制作流程
- ★ 掌握荷花特效制作任务的制作思路和制作流程

必备知识　Photoshop基础认知

美国 Adobe 公司出品的 Photoshop 软件是在设计界使用最广泛的图像平面设计软件之一。Photoshop 因其强大的图像处理功能、绘画功能和网页动画制作功能，以及集多种绘图、调整、修饰和特殊效果工具于一体而成为图像处理领域的首选软件，深受广大平面设计人员和计算机美术爱好者的喜爱。

一、Photoshop 操作界面

启动 Photoshop CC 后可以看到非常清爽的界面，包含工具箱、面板组等。打开任意一个图像文件后，中文版 Photoshop CC 的操作界面如图 1-1 所示。

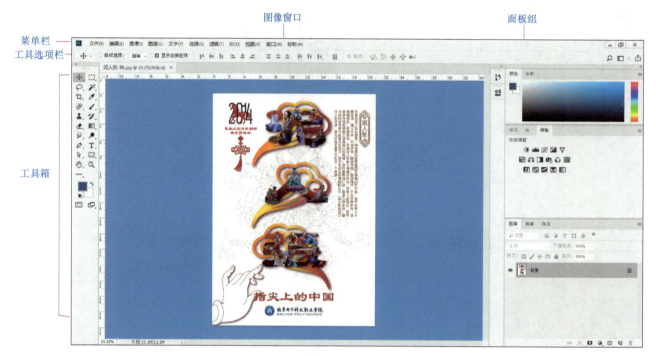

图　1-1

1. 基本功能

单击窗口菜单里的"排列"命令，打开排列文档下拉面板，它可以控制多个文件在窗口中的显示方式；单击"基本功能"命令，在该下拉列表中选择任意一种预设工作区名，即可应用该工作区布局，用户还可以根据需要最大限度地自由定制用户界面，调整默认工作环境，如图 1-2 和图 1-3 所示。

图　1-2　　　　　　　　　　　　图　1-3

2. 菜单

Photoshop CC 有 3 种类型的菜单，分别为主菜单（即菜单栏中的菜单）、快捷菜单和面板菜单。

（1）**主菜单** Photoshop CC 共有 11 组菜单，这些菜单包含了 Photoshop 的大部分操作命令，如图 1-4 所示。

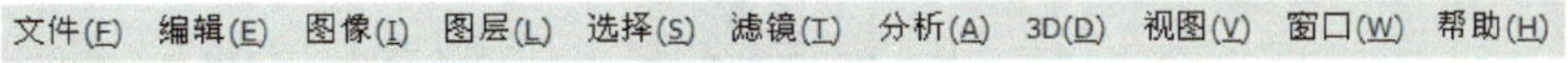

文件(F) 编辑(E) 图像(I) 图层(L) 选择(S) 滤镜(T) 分析(A) 3D(D) 视图(V) 窗口(W) 帮助(H)

图　1-4

使用时，只要将鼠标指针移至菜单名称上单击，或者按下 <Alt> 键的同时在键盘上按下菜单中带下画线的字母即可打开该菜单。例如，将鼠标指针移至"图像"菜单上单击，或按下 <Alt> 键的同时按下 <I> 键即可打开"图像"菜单。

（2）**快捷菜单** 除了主菜单外，Photoshop CC 还提供了快捷菜单，以方便用户快速地使用软件。右击鼠标即可打开相应的快捷菜单，对于不同的图像编辑状态，系统所打开的快捷菜单是不同的。例如，当用户选择"移动工具"在图像窗口中右击鼠标时，系统将会自动打开快捷菜单，如图 1-5 所示；当用户选择"矩形选框工具"后，在图像窗口中右击鼠标，弹出的快捷菜单如图 1-6 所示。

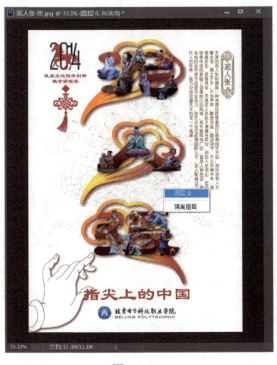

图　1-5 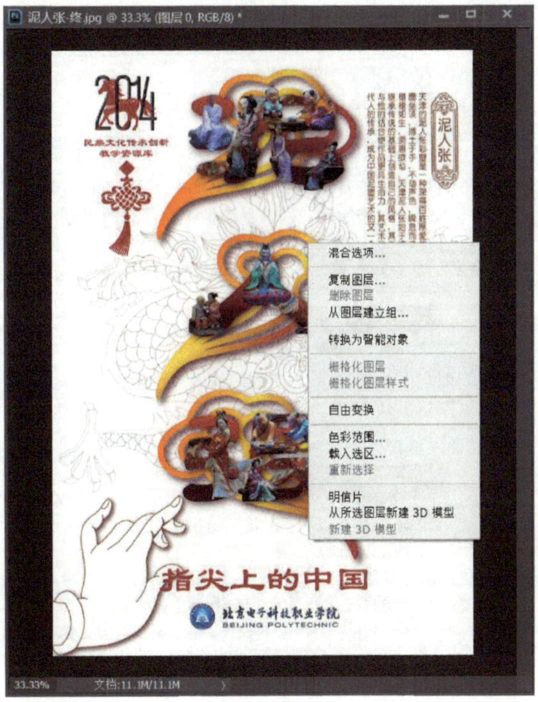　　　　　　　　　　　　　图　1-6

（3）**面板菜单** 大部分面板都有面板菜单，其中包含特定于面板的命令选项。单击面板右上角的按钮，即可弹出相应的面板快捷菜单。打开的通道面板菜单如图 1-7 所示。

3. 工具箱

Photoshop CC 的工具箱中共有数十类（上百个）工具可供选择，包括"选择工具""绘图工具""颜色设置工具""3D 工具"以及显示控制工具等。通过使用这些工具，读者可以完成绘制、编辑、观察和测量等操作。

在默认状态下，工具箱出现在屏幕的左侧，样式为长单排，只要单击工具箱上方的双箭头按钮，就可以切换成双排的样式，单击双箭头按钮可以在单排和双排之间来回切换。工具箱双排样式及工具说明如图 1-8～图 1-12 所示。

图　1-7

图形图像处理

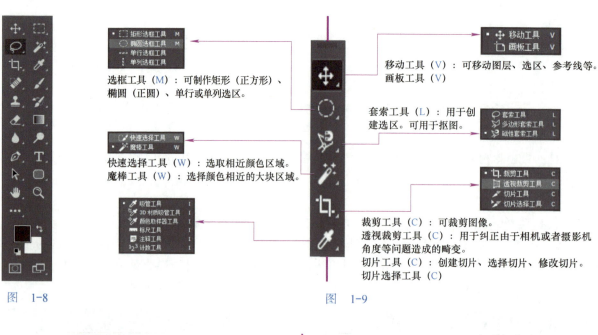

图 1-8

选框工具（M）：可制作矩形（正方形）、椭圆（正圆）、单行或单列选区。

快速选择工具（W）：选取相近颜色区域。
魔棒工具（W）：选择颜色相近的大块区域。

图 1-9

移动工具（V）：可移动图层、选区、参考线等。
画板工具（V）

套索工具（L）：用于创建选区。可用于抠图。

裁剪工具（C）：可裁剪图像。
透视裁剪工具（C）：用于纠正由于相机或者摄影机角度等问题造成的畸变。
切片工具（C）：创建切片、选择切片、修改切片。
切片选择工具（C）

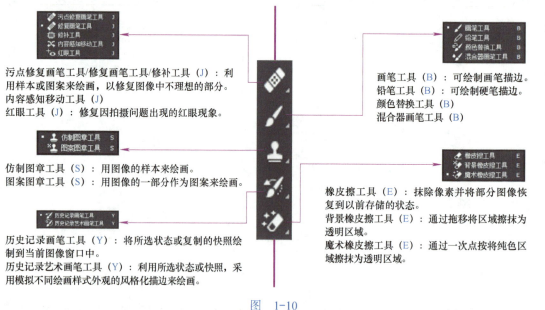

污点修复画笔工具/修复画笔工具/修补工具（J）：利用样本或图案来绘画，以修复图像中不理想的部分。
内容感知移动工具（J）
红眼工具（J）：修复因拍摄问题出现的红眼现象。

仿制图章工具（S）：用图像的样本来绘画。
图案图章工具（S）：用图像的一部分作为图案来绘画。

历史记录画笔工具（Y）：将所选状态或复制的快照绘制到当前图像窗口中。
历史记录艺术画笔工具（Y）：利用所选状态或快照，采用模拟不同绘画样式外观的风格化描边来绘画。

画笔工具（B）：可绘制画笔描边。
铅笔工具（B）：可绘制硬笔描边。
颜色替换工具（B）
混合器画笔工具（B）

橡皮擦工具（E）：抹除像素并将部分图像恢复到以前存储的状态。
背景橡皮擦工具（E）：通过拖移将区域擦抹为透明区域。
魔术橡皮擦工具（E）：通过一次点按将纯色区域擦抹为透明区域。

图 1-10

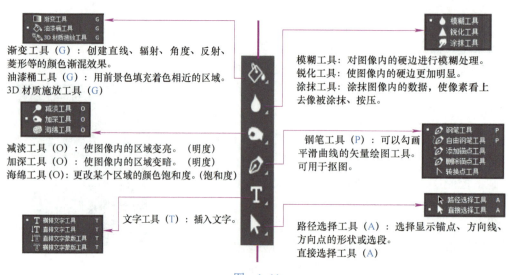

渐变工具（G）：创建直线、辐射、角度、反射、菱形等的颜色渐混效果。
油漆桶工具（G）：用前景色填充着色相近的区域。
3D材质施放工具（G）

减淡工具（O）：使图像内的区域变亮。（明度）
加深工具（O）：使图像内的区域变暗。（明度）
海绵工具（O）：更改某个区域的颜色饱和度。（饱和度）

文字工具（T）：插入文字。

模糊工具：对图像内的硬边进行模糊处理。
锐化工具：使图像内的硬边更加明显。
涂抹工具：涂抹图像内的数据，使像素看上去像被涂抹、按压。

钢笔工具（P）：可以勾画平滑曲线的矢量绘图工具。可用于抠图。

路径选择工具（A）：选择显示锚点、方向线、方向点的形状或选段。
直接选择工具（A）

图 1-11

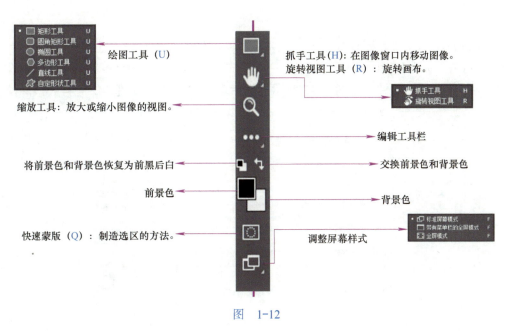

图 1-12

当将鼠标指针移到某一工具图标上时,会显示含有该工具名称与快捷键的提示。要使用某种工具,只要单击工具图标或者按下工具快捷键即可,如要选择"画笔工具",则单击此工具图标 或在键盘上按下 <B> 键即可。工具使用示例如图 1-13 和图 1-14 所示。

4. 面板组

Photoshop CC 面板组包括了各种可以折叠、移动和任意组合的功能面板,方便用户进行图像的各种编辑操作和工具参数设置,如可以用于选择颜色、设置画笔、图层编辑等。Photoshop 共提供了 23 个面板,在默认状态下,面板是以组的方式整齐地停放在操作界面的右侧,显示了垂直停放的 3 个面板组。

单击停放顶部的双箭头 ,就可以将垂直停放的 3 个面板组折叠为图标,如图 1-15 和图 1-16 所示。再单击向左的双箭头 ,则可以将折叠为图标的所有面板展开,单击双箭头按钮可以在折叠和展开之间来回切换。

图 1-13　　　　图 1-14　　　　图 1-15　　　　图 1-16

二、Photoshop 基础操作

在 Photoshop 中对图像进行各种编辑操作,首先应新建一个空白的图像或者打开已有的图像,然后进行编辑。而当完成了一个图像的创作时,需要将其保存,以便进行编辑或者使用。下面将分别介绍文件的打开、新建以及存储的具体操作方法。

1. 打开文件

要对旧图像进行编辑，首先要打开该图像，常见打开图像的方法有如下几种。

(1) **使用"打开"命令打开**　执行"文件"→"打开"命令或按 <Ctrl+O> 组合键，在弹出的"打开"对话框中选择要打开的图像文件，如图 1-17 所示。然后单击"打开"按钮，即可打开该图像文件。

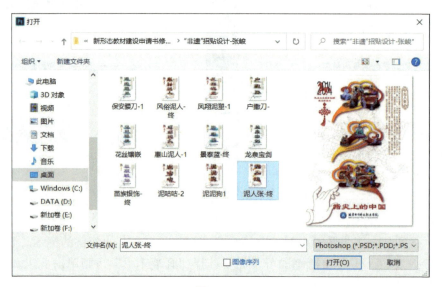

图　1-17

如果要同时打开多个图像，则可以在"打开"对话框的"查找范围"中选中多个文件，方法如下：

单击第 1 个文件，然后按住 <Shift> 键不放，再单击另一个文件，则可选中这两个文件之间连续的多个文件。按住 <Ctrl> 键不放，单击要选择的文件，则可选中多个不连续的文件。然后单击"打开"按钮，即可打开多个图像文件。

(2) **打开指定格式的图像**　通过执行"文件"→"打开为"命令，可以打开用户所指定格式的图像文件。这时弹出"打开为"对话框，在该对话框中选择打开的文件格式必须和"打开为"列表中选择的文件格式相同，否则会弹出一个提示信息，提示选择的文件不能被打开，如图 1-18 和图 1-19 所示。

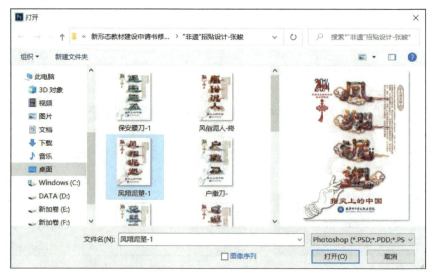

图　1-18　　　　　　　　　　　　　　图　1-19

(3) **打开最近打开过的图像**　为了方便用户，Photoshop CC 将用户最近打开过的几个图像文件的文件名列于"文件"→"最近打开文件"子菜单中。用户只需要选择其中任何一个文件的文件名，即可快速打开该文件。

Photoshop CC 默认在"最近打开文件"子菜单中保留最近打开过的 10 个图像文件的文件名，如果要另外指定保留的文件数目，可以执行"菜单"→"文件"→"首选项"→"文件处理"命令，打开"首选项"对话框，在"近期文件列表包含"文本框中输入需要的文件数目即可，如图 1-20 所示。

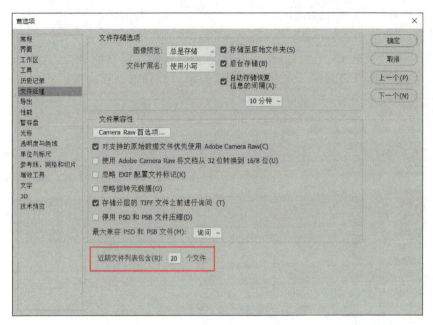

图　1-20

2. 新建文件

新建图像文件的操作方法如下。

1）执行"菜单"→"文件"→"新建"命令或按下 <Ctrl+N> 组合键，弹出"新建文档"对话框，有很多文档格式的选项，根据作品要求，选择合适的尺寸新建文件，如图 1-21 所示。

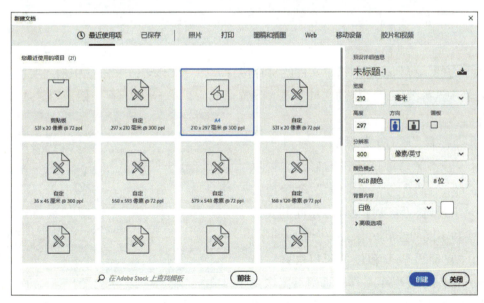

图　1-21

2）在"名称"文本框中输入新文件的名字，如果不输入任何名称则系统自动使用默认名，文件名按顺序命名为"未标题 -X"（X 为系统自动产生的自然数）。

3）在"预设"选项栏中进行图像设置，即设置图像的宽度、高度、分辨率、颜色模式和背景内容。其中的宽度、高度、分辨率的单位，以及颜色模式和背景色的选择均可以通过下拉列表来完成。

4）设置完成后，单击"确定"按钮，即可创建一个空白的图像文件。接下来便可在新图像窗口中进行图像的编辑处理了。

3. 存储文件

当编辑完成一幅图像后，必须将图像保存起来，便于以后查看或使用这幅图像。在编辑过程中，一般 5～10 分钟需要保存一次，以防止因停电或死机等意外而丢失文件。

保存图像文件有以下 3 种方式。

(1) **使用"存储"命令保存**　执行菜单"文件"→"存储"命令或按 <Ctrl+S> 组合键，即可将当前文件保存起来。若保存的文件是第一次存储，则会弹出"另存为"对话框，如图 1-22 所示。

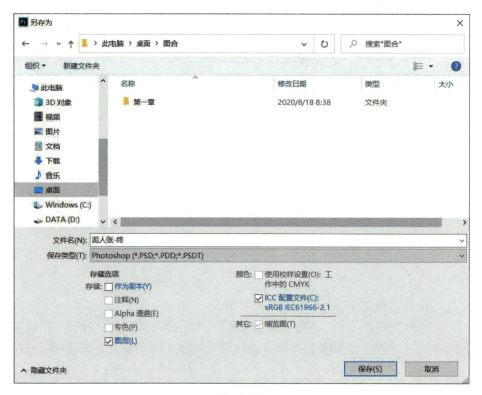

图　1-22

在对话框上方的下拉列表框中指定文件的保存位置。在"文件名"文本框中输入文件名。在"保存类型"下拉列表中选择要保存图像的文件格式。设置完成后，单击"保存"按钮或按 <Enter> 键即可完成图像的保存。

(2) **使用"存储为"命令保存**　编辑完一幅图像文件后，若不想对原图像进行修改，可以使用菜单栏中的"文件"→"存储为"命令或按 <Shift+Ctrl+S> 组合键，可以将文件以不同的文件名、不同的格式和不同的选项另存为一个图像副本。

(3) **使用"存储为 Web 和设备所用格式"命令保存**　Photoshop CC 提供了最佳处理网页图像文件的工具与方法，它可以输出包含了点阵网页图像文件的 JPEG、GIF 与 PNG。

执行"菜单"→"文件"→"导出"→"存储为 Web 所用格式"命令，弹出"存储为 Web 所用格式"对话框，在该对话框中，可以根据需要对图像进行优化处理。以这种方式存储的图片主要用于网页和移动设备，如图 1-23 和图 1-24 所示。

图　1-23

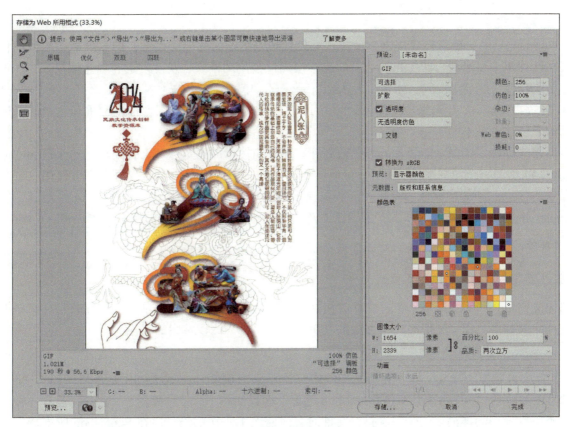

图 1-24

三、Photoshop 基本知识

在学习 Photoshop 基本操作的同时，还需要了解和掌握一些基础知识和基本概念，如位图、像素、分辨率和色彩模式等，通过这些知识的学习，能够更好地应用 Photoshop。

1. 位图

位图也叫栅格图，它是由像素有序地组成的图像，像素由位置与颜色值表示，能表现出颜色阴影的变化，如图 1-25 所示。当栅格图放大或缩小时，像素会增多或减少。图像清晰度就会有变化。由于栅格图为像素组成，而每一个像素都有大量的颜色信息，所以栅格图色彩层次丰富、信息量大。Photoshop 主要用于处理位图。

2. 像素

像素（Pixel）是用来计算数字影像的一种单位，如同摄影的相片一样，数字影像也具有连续性的浓淡阶调，若把数字影像放大数倍，会发现这些连续色调其实是由许多色彩相近的小方点所组成，这些小方点就是构成影像的最小单位——像素。

3. 分辨率

分辨率有很多种，如图像分辨率、打印分辨率等。图像分辨率使用的单位是 PPI（Pixel Per Inch），意思是"每英寸所表达的像素数目"。打印分辨率使用的单位是 DPI（Dots Per Inch），意思是"每英寸所表达的打印点数"。

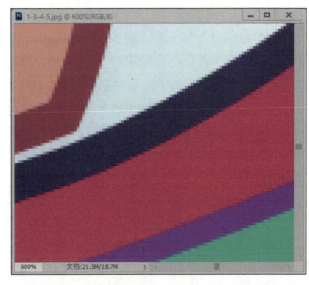

图 1-25

4. 色彩模式

在 Photoshop 中，色彩模式决定显示器显示和打印电子图像的色彩模型，即一副电子图像用什么样的方式在计算机中显示或打印输出。常见的色彩模式包括位图模式、灰度模式、双色调模式、HSB（表示色相、饱和度、亮度）模式、RGB（表示红、绿、蓝）模式、CMYK（表示青、洋红、黄、黑）模式、Lab 模式、索引色模式、多通道模式以及 8 位/16 位模式，每种模式的图像描述和重现色彩的原理及所能显示的颜色数量是不同的。

色彩模式除确定图像中能显示的颜色数之外，还影响图像的通道数和文件大小。这里提到的通道也是 Photoshop 中的一个重要概念，每个 Photoshop 图像具有一个或多个通道，每个通道都存放着图像中颜色元素的信息。图像中默认的颜色通道数取决于其色彩模式。一个图像有时多达 24 个通道，默认情况下，位图模式、灰度双色调和索引色图像中有一个通道；RGB 和 Lab 图像有三个通道；CMYK 图像有四个通道。

四、Photoshop 常用图像格式

图像文件格式决定了应该在文件中存放何种类型信息，文件如何与各种应用软件兼容，文件如何与其他文件交换数据。由于图像格式种类众多，在这里介绍几个比较常用的格式。

1. *.PSD 格式

*.PSD 文件格式是 Photoshop 默认的文件格式，是除大型文档格式 *.PSB 之外支持所有 Photoshop 功能的唯一格式。*.PSD 格式其实是 Photoshop 进行平面设计的一张"草稿图"，它里面包含各种图层、通道、遮罩等设计的样稿，便于下次打开文件时可以修改上一次的设计。在 Photoshop 所支持的各种图像格式中，*.PSD 的存取速度比其他格式快很多，功能也很强大。

2. *.TIFF 和 *.TIF 格式

*.TIFF 和 *.TIF 文件格式用于在应用程序（软件）和计算机平台（操作系统）之间交换文件，也是一种灵活的位图图像格式，几乎受所有的绘画、图像编辑和页面排版应用程序支持。*.TIFF 和 *.TIF 文件的文件量最大可达 4GB。Photoshop CS 和更高版本支持以 *.TIFF 和 *.TIF 格式存储的大型文档。但是，大多数其他应用程序和旧版本的 Photoshop 不支持文件大小超过 2GB 的文档。

3. *.JPG 和 *.JPEG 格式

*.JPG 和 *.JPEG 格式也是常见的一种图像格式，其压缩技术十分先进，它用有损压缩方式去除冗余的图像和彩色数据，在获取极高的压缩率的同时能展现十分丰富生动的图像，换句话说，就是通过有选择地扔掉数据来压缩文件大小。*.JPG 和 *.JPEG 格式支持 CMYK、RGB 和灰度颜色模式，但不支持透明度。

当使用 *.JPEG 格式保存图像时，Photoshop 给出了多种保存选项，可以选择用不同的压缩比例对 *.JPEG 文件进行压缩，即压缩率和图像质量都是可选的。

4. *.EPS 格式

.EPS 文件格式可以同时包含矢量图形和位图图形，并且几乎所有的图形、图表和页面排版程序都支持该格式。.EPS 格式用于在应用程序之间传递 PostScript 图片。当打开包含矢量图形的 *.EPS 文件时，Photoshop 栅格化图像，并将矢量图形转换为像素。*.EPS 格式的稳定程度相当高，在图形文件格式中占据重要地位。特别是在排版中，它是经常使用的文件格式。

*.EPS 格式支持 Lab、CMYK、RGB、索引颜色、双色调、灰度和位图颜色模式，但不支持 Alpha 通道。

5. *.BMP 格式

.BMP 文件格式是 DOS 和 Windows 操作系统中的标准图像文件格式，能够被多种应用程序所支持，所以理所当然地被广泛应用。.BMP 格式支持 RGB、索引颜色、灰度和位图颜色模式。*.BMP 文件格式的图像信息较丰富，几乎不进行压缩，所以产生的文件量非常大。

6. *.GIF 格式

.GIF 全称是 Graphics Interchange Format 图像交换格式，由 Compuserver 公司于 1987 年创建，是 Web 上使用最早、应用最广泛的图像格式之一，颜色支持 2～256 索引色，但不能用于存储真彩色的图像文件。在颜色深度和图像大小上，.GIF 类似于 *.PCX；在结构上，*.GIF 类似于 *.TIF。它的特点是图像文件量小、下载速度快，尤其在低颜色数下比 *.JPEG 快得多，支持透明图像格式和动画格式。

7. *.PNG 格式

*.PNG 是一种能存储 32 位信息的位图文件格式，其图像质量远胜过 *.GIF，也使用无损压缩方式来减少文件的大小。现在越来越多的软件开始支持这个格式，*.PNG 图像可以是 16 位的灰阶、48 位的彩色，也可以是 8 位的索引色。它的特点是显示速度很快，因为它使用高速交替显示方案，只需要下载 1/64 的图像信息就可以显示出低分辨率的预览图像，遗憾的是不支持动画。Macromedia 公司的 Fireworks 的默认格式就是 *.PNG。

五、Photoshop 在设计领域中的应用

Photoshop 在设计领域中有非常广泛的应用，在平面设计、图像处理、创意合成、艺术文字、网页设计、后期效果处理、绘画、图标以及 Logo 设计、UI 界面设计、绘制和处理材质贴图等方面均发挥了很重要的作用，接下来进行一一介绍。

1. 平面设计

平面设计是 Photoshop 应用最为广泛的领域之一，如图书封面、招贴、海报、喷绘等具有丰富图像的平面印刷品，基本上都需要使用 Photoshop 软件对图像进行处理。即使有些设计者用其他软件设计广告时，用到的无背景图片也需经过 Photoshop 抠图，再调入其他软件。平面设计示例如图 1-26 所示。

2. 图像处理

此外，Photoshop 具有强大的图像修饰、图像合成编辑以及调色功能。利用这些功能，可以快速修复照片，也可以修复人脸上的斑点等缺陷，快速调色等。图像处理示例如图 1-27 所示。

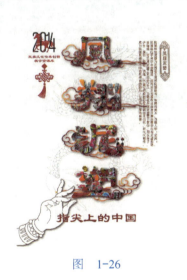

图 1-26

图 1-27

3. 创意合成

创意合成也是 Photoshop 的常用处理方式，通过处理可以将原本"风马牛不相及"的对象组合在一起，甚至也可以使用"狸猫换太子"的手段使图像发生面目全非的视觉巨大变化。创意合成示例如图 1-28 所示。

4. 艺术文字

利用 Photoshop 可以使文字发生各种各样的变化，包括样式以及颜色的改变，并利用这些类似艺术

化处理后的文字为图像增加效果，所以在一些文档中，当自带的艺术效果不理想时也可使用 Photoshop 进行艺术字的创作。艺术文字示例如图 1-29 所示。

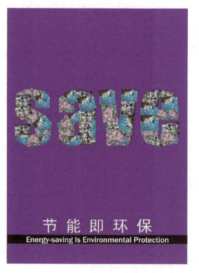

图 1-28　　　　　　　　　　　　　　　图 1-29

5. 网页设计

由于网站的设计中需要使用 Photoshop 进行前期的样式设计，Photoshop 也成为"网页制作三剑客"之一的软件，是必不可少的网页图像处理软件。网页设计示例如图 1-30 所示。

图 1-30

6. 后期效果图处理

在 3D 效果图渲染三维场景后，由于有一些人物或者其他景物不适合在 3D 场景中制作，以及色彩、场景搭配等方面，需要在 Photoshop 中进行调整。后期效果图处理示例如图 1-31 所示。

7. 绘画

由于 Photoshop 具有良好的绘画与调色功能，所以许多插画设计师以及绘画制作者往往使用铅笔绘制草稿，然后用 Photoshop 填色的方法来绘制插画。除此之外，近些年来非常流行的像素画也多为设计师使用 Photoshop 创作的作品。绘画示例如图 1-32 所示。

图 1-31

图 1-32

8. 图标以及 Logo 设计

在使用 Photoshop 制作图标时，为了使表现形式多样，可以使用多种工具和特效。图标以及 Logo 设计示例如图 1-33 和图 1-34 所示。

图 1-33　　　　　　　　　　　　　　图 1-34

9. UI 界面设计

目前来说，UI 界面设计作为一个新兴的领域，已经受到越来越多的软件企业及开发者的重视，成为一种全新的职业。在 UI 界面设计行业，许多设计者使用的都是 Photoshop。UI 界面设计示例如图 1-35 所示。

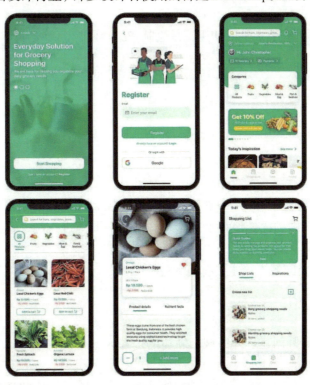

图 1-35

10. 绘制和处理材质贴图

在三维软件中制作精良的模型，通常先用 Photoshop 对贴图进行加工，然后在三维软件中使用。绘制和处理材质贴图示例如图 1-36 和图 1-37 所示。

图 1-36

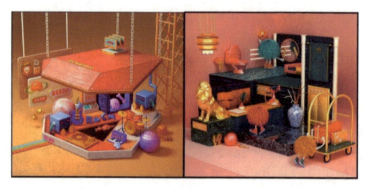

图 1-37

学习 Photoshop，要加强个人的文化素养和艺术感受力，在设计时有清晰的定位，并通过系统专业的学习，增强对软件基础知识的掌握，提升设计能力。

> **总结与拓展**
>
> 本节内容介绍了 Photoshop 的基本知识，了解其色彩模式、色彩基本属性、矢量图的相关知识以及应用的领域。可以在网上搜索设计网站，查找一些优秀的设计作品，整理图片和文字并作简要说明，加深对 Photoshop 软件的了解。

必备知识　选区、钢笔工具及图层的应用

在 Photoshop 中，选区、钢笔工具的使用，是绘制和编辑图像的重要内容，图层是处理图像的关键，是实现绘制与合成的基础。

一、选区的创建

在 Photoshop 中，如果只想更改图中某些区域的画面，就应该对这些区域建立选区。

1. 选择区域工具

选择区域工具的主要功能是在文件中创建选择区域，控制操作范围。当在文件中创建选择区域后，所做的操作便都是对选择区域内的图像进行的，选区以外的图像将不受任何影响。

Photoshop 软件中的选择区域工具主要有矩形选框工具、套索工具和魔棒工具，如图 1-38 所示。

2. 属性栏

（1）**新选区**　在文件中再创建选择区域，新建的选择区域将代替原来的选择区域。

（2）**添加到选区选钮**　按 <Shift> 键在文件中创建选择区域，新建的选择

图 1-38

区域将与原来的选择区域合并成为新的选择区域。

（3）从选区减去　按 <Alt> 键在文件中再创建选择区域，如果新创建的选择区域与原来的选择区域有相交部分，将从原选择区域中减去相交的部分，剩余的选择区域作为新的选区。

（4）与选区相交　按 <Shift+ Alt> 组合键在文件中再创建选择区域，如果新创建的选择区域与原来的选择区域有相交部分，将会把相交的部分作为新的选择区域。

3. 矩形选框工具

矩形选框工具如图 1-39 和图 1-40 所示。
1）按住 <Shift> 键可绘制正方形选择区域。
2）按住 <Alt> 键可以光标为中心向外绘制选区。
3）按住 <Shift+Alt> 组合键以光标的起点为中心向四周扩展绘制一个正方形。

4. 椭圆选框工具

将光标移动到文件中，按下鼠标左键不放，然后向任意方向拖曳，可以在文件中创建椭圆形选择区域，按住 <Shift> 键可以创建正圆选择区域，如图 1-41 和图 1-42 所示。

图 1-39　　　　图 1-40　　　　图 1-41　　　　图 1-42

5. 单行选框工具和单列选框工具

单行选框工具和单列选框工具用于在被编辑的图像中或在单独的图层中选出 1 个像素宽的横行区域或竖列区域，如图 1-43 ～图 1-46 所示。

图 1-43　　　　图 1-44　　　　图 1-45　　　　图 1-46

6. 套索工具

套索工具在实际工作中是一组非常有用的选取工具，包括以下 3 种：

（1）套索工具　利用套索工具可定义任意形状的区域。该工具的使用方法是按住鼠标在图像中进行拖拉，松开鼠标后即形成选区范围，如图 1-47 和图 1-48 所示。

（2）多边形套索工具　该工具的使用方法是单击鼠标形成固定起始点，然后拖动鼠标就会拖出直线，在下一点单击就会形成第 2 个固定点，以此类推直到形成完整的选取区域，如图 1-49 和图 1-50 所示。

图　1-47　　　　　图　1-48　　　　　图　1-49　　　　　图　1-50

（3）**磁性套索工具**　该工具使用的方法是按住鼠标在图像中不同对比度区域的交界处进行拖拉，Photoshop 会自动将选取边界吸附到交界上，如图 1-51 和图 1-52 所示。

宽度：以此数值为宽度范围，在此范围内寻找对比强烈的边界点作为选界点。

边界对比度：控制磁性套索工具选择区范围的精确度。

频率：控制插入定位锚点的多少，值越大，锚点就多。反之越少。

注：按 <Alt> 键可以将曲线转换为直线。

7. 魔棒工具（W）

魔棒工具用来选取鼠标所单击处颜色相同或颜色相似的区域，如图 1-53 和图 1-54 所示。

（1）**容差**　控制所选颜色的范围。容差值越大，所选颜色的范围就越大。

（2）**取值范围**　0 ～ 255，默认值为 32。

（3）**连续的**　如勾选，只能在颜色相同或相似的连续区域进行选择；如不勾选，将会在整幅图像中进行选择。

（4）**用于所有图层**　如勾选，将在所有可见图层中进行选择；如不勾选，将在当前层中进行选择颜色。

图　1-51　　　　　图　1-52　　　　　图　1-53　　　　　图　1-54

二、图层的应用

通过建立图层，然后在各个图层中分别编辑图像中的各个元素，从而产生既富有层次，又彼此关联的整体图像效果。所以在编辑图像的同时，图层是必不可缺的。

每一个图层都是由许多像素组成的，而图层又通过上下叠加的方式来组成整个图像。对图层的编辑可以通过菜单或调板来完成。"图层"被存放在"图层"调板中，其中包含当前图层、文字图层、背景图层、智能对象图层等。执行"菜单"→"窗口"→"图层"命令，即可打开"图层"调板，"图层"调板中所包含的内容如图 1-55 所示。

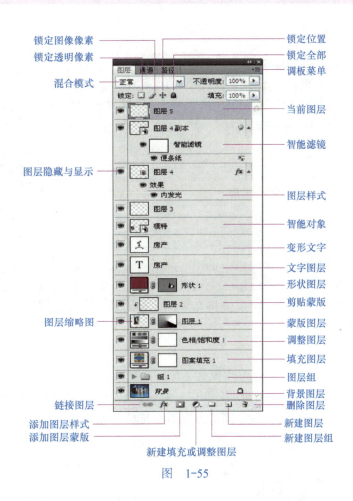

图 1-55

三、图层的编辑

以下将介绍图层的一些基础操作,以便更好地了解和掌握图层编辑方面的相关知识。

1. 新建图层

新建图层指的是在原有图层或图像上新建一个可用于参与编辑的空白图层,创建图层可以在"图层"菜单中完成也可以直接通过"图层"调板来完成,创建新图层方法如下:

1)执行"菜单"→"图层"→"新建"→"图层"命令或按 <Shift+Ctrl+N> 组合键,可以打开如图 1-56 所示的"新建图层"对话框。

2)在"图层"调板中单击"创建新图层"按钮,在"图层"调板中就会新创建一个图层,如图 1-57 所示。

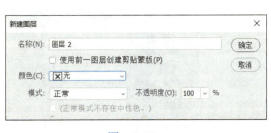

图 1-56

图 1-57

2. 选择图层

在"图层"调板中的图层上单击即可选择该图层并将其变为当前工作图层。按住 <Ctrl> 键或 <Shift> 键在调板中单击不同图层,可以选择多个图层。

3. 链接图层

链接图层可以将两个以上的图层链接到一起，被链接的图层可以被一同移动或变换。链接方法是在"图层"调板中按住<Ctrl>键，并在要连接的图层上单击，将其选中后，单击"图层"调板中的"链接图层"按钮，此时在调板中会在链接图层中出现链接符号，如图1-58所示。

四、钢笔工具的应用

以下将介绍钢笔的一些基本操作和使用方法，方便更好地了解和掌握钢笔工具的应用技巧。

1. 绘制直线段

选择"钢笔"工具，在钢笔工具属性栏中选中"路径"按钮，在图像中任意位置单击，创建一个锚点，将光标移动到其他位置再单击，创建第二个锚点，两个锚点之间自动以直线进行连接，再将光标移动到其他位置单击，创建第三个锚点，而系统将在第二个和第三个锚点之间生成一条新的直线路径，如图1-59所示。

2. 绘制曲线

用"钢笔"工具单击建立新的锚点并按住鼠标不放，拖曳鼠标，建立曲线段和曲线锚点。松开鼠标，按住<Alt>键的同时，用"钢笔"工具单击刚建立的曲线锚点，将其转换为直线锚点，在其他位置再次单击建立下一个新的锚点，可在曲线段后绘制出直线段，如图1-60所示。

图 1-59　　　　　　　　图 1-60

3. 路径节点种类和转换点工具

路径上的节点有3种：无曲率调杆的节点（角点）、两侧曲率一同调节的节点（平滑点）和两侧曲率分别调节的节点（平滑点），如图1-61所示。

1）单击转换点工具，将光标在A点上拖曳，形成两侧曲率一同调节。
2）单击转换点工具，光标在B点或C点上拖曳，形成两侧曲率不同调节。
3）再单击A点，形成无曲率调节，如图1-62所示。

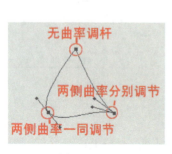
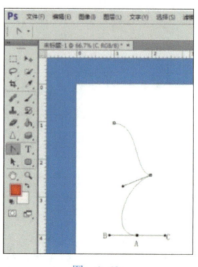

图 1-61　　　　　　　　图 1-62

4. 绘制技巧

1)保持按住 <Shift> 键可以让所绘制的点与上一个点保持 45°整数倍夹角(如 0°、90°)。

2)记住两个术语:那些点称为"锚点"(Anchor),锚点间的线段称为"片断"(Segment)。

3)直线和曲线的形成。

轻点 P 点松开后拖曳到 A 点,形成直线,A 点不松开拖曳到 B 点形成两侧曲率相同调节,再拖曳到 D 点时,形成曲线。B 点到 D 点,无论如何都是曲线,除非将 B 点改为无曲率调节,如图 1-63 所示。

要点:无曲率锚点轻点→拖曳→直线;有曲率锚点轻点→拖曳→曲线;锚点拖曳不松开,形成有曲率调节。

4)转换点工具可用来改变方向。

注意:方向线末端有一个小圆点,这个圆点称为"手柄",要单击手柄位置才可以改变方向线。利用转换点工具,将 H1 点拖曳到 H2 点时,曲线向下弯曲。也可以利用"直接选择工具",在片断上修改曲线的形态。

对于一个锚点而言,如果方向线越长,那么曲线在这个方向上走的路程就越长,反之就越短。

对于这条曲线上的除了起点和终点的 B、C 两个锚点而言,都存在两条方向线:一条是从上一个锚点"来向"的方向线;另一条是通往下一个锚点的"去向"的方向线。对于起点,只存在"去向"的方向线;对于终点,只存在"来向"的方向线,如图 1-64 所示。

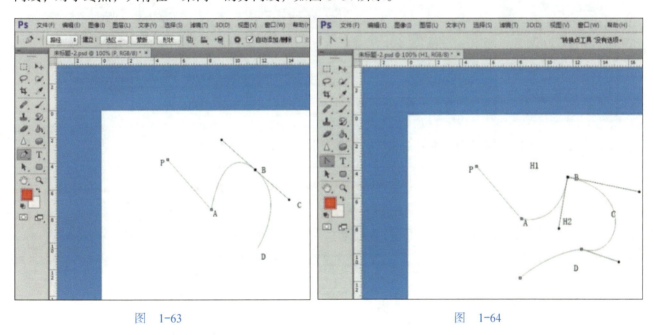

图 1-63　　　　　　　　　　　　　图 1-64

> **总结与拓展**
>
> 本节内容介绍了图像选区与选区工具、图层的应用、钢笔与钢笔编辑相关知识,可以做一下练习,加深对本次课程知识点的了解。

任务1　水果篮图片合成

通过本任务的制作,学会工具箱中钢笔工具、移动工具、磁性套索工具、橡皮工具以及图层面板等的使用方法,了解本任务的制作思路和制作流程,掌握本任务所涉及的内容和知识点。

图形图像处理

●●● 任务分析

本任务主要运用了工具箱中"移动"工具、"多边形套索"工具、"橡皮擦"工具，配合菜单中自由变换命令和图层面板来完成制作。本任务最终效果如图1-65所示。

图 1-65

●●● 任务实施

1）执行菜单栏中的"文件"→"打开"命令或按<Ctrl+O>组合键，将文件"篮子.jpg"打开，如图1-66和图1-67所示。

图 1-66　　　　　　　　　　　　　　　图 1-67

2）新建一个页面，取名为"水果组合"，参数如图1-68所示。

图 1-68

3）单击"工具箱"中的"移动"工具，按住<Ctrl>键，单击"篮子"图层的预览窗口，调出篮子选区，如图1-69所示。

4）单击并按<Ctrl>键激活"篮子"图层，按<Ctrl+C>→<Ctrl+V>组合键，将"篮子.jpg"文件复制和粘贴到"水果组合篮"文件中，如图1-70和图1-71所示。

5）执行菜单栏中的"文件"→"打开"命令或按<Ctrl+O>组合键，将文件"草莓钢笔抠图.jpg"打开，如图1-72所示。

图 1-69

图 1-70

图 1-71

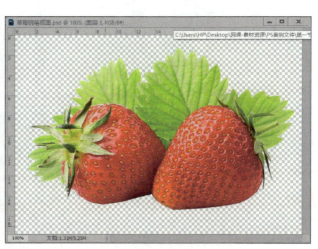

图 1-72

6)单击"工具箱"中的"移动"工具,将"草莓钢笔抠图"文件移到"水果组合篮.psd"中。执行菜单栏中的"编辑"→"变化"→"缩放"命令,如图 1-73 所示。

7)执行菜单栏中的"文件"→"打开"命令或按 <Ctrl+O> 快捷键,将文件"抠图-梨子.psd"打开。按 <Ctrl+C>→<Ctrl+V> 组合键,将"抠图-梨子.psd"文件复制和粘贴到"水果组合篮"文件中,如图 1-74 和图 1-75 所示。

8)执行菜单栏中的"编辑"→"变化"→"旋转"命令,如图 1-76 和图 1-77 所示。

9)重复以上操作,执行菜单栏中的"文件"→"打开"命令或按 <Ctrl+O> 组合键,将文件"钢笔抠图-橘子.psd"打开。执行菜单栏中的"编辑"→"变化"→"旋

图 1-73

转"命令，再用"橡皮擦"工具 擦除篮子以外的部分，如图 1-78 和图 1-79 所示。

图　1-74

图　1-75

图　1-76

图　1-77

图　1-78

图　1-79

10）重复以上操作调整画面，整理每个图层，得到如图 1-80 和图 1-81 所示效果。

11）最终效果如图 1-82 所示。

图　1-80　　　　　　　　　　　图　1-81　　　　　　　　　　　图　1-82

●●● 任务评价与拓展

● 评分标准

灵活应用工具的能力（30%）	再现画面的能力（30%）	艺术表现（20%）	质量与熟练度（20%）

把之前讲解过的案例重新制作一遍，熟悉制作流程，掌握基本工具的使用，看看能不能用所学的知识制作出来。

任务2　荷花特效制作

扫一扫
查看操作视频

●●● 任务分析

本任务主要运用了工具箱中的"钢笔"工具、"橡皮擦"工具 ，配合菜单中"钢笔"→"调整"→"去色"命令和图层面板来完成任务的制作，本任务最终效果如图 1-83 所示。

图　1-83

任务实施

1）执行菜单栏中的"文件"→"打开"命令或按 <Ctrl+O> 组合键,将文件"素材案例-荷花1.jpg"打开,如图1-84和图1-85所示。

2）单击图层,拖曳素材"案例-荷花1"图层至"创建新图层"处(红框所示),执行复制命令,双击图层面板,取名为"荷花"。参数如图1-86和图1-87所示。

3）单击"工具箱"中的"钢笔"工具,选择"荷花"图层,进行钢笔路径绘制,如图1-88～图1-90所示。

图 1-84　　　　　　　　　　　　图 1-85

图 1-86　　　　　图 1-87　　　　　图 1-88

图 1-89　　　　　　　　　　　　图 1-90

4）钢笔勾绘完荷花轮廓后，单击"路径"面板，出现"工作路径"，按住 <Ctrl> 键并单击"荷花"图层，激活路径为选区，如图 1-91 和图 1-92 所示。

图　1-91　　　　　　　　　　　　　　　　图　1-92

5）执行复制命令，依次按 <Ctrl+C> → <Ctrl+V> 组合键，得到一个新的"去底荷花"图层，如图 1-93 和图 1-94 所示。

图　1-93　　　　　　　　　　　　　　　　图　1-94

6）执行"菜单"→"选择"→"修改"→"收缩"命令，设置收缩量为 2 像素，如图 1-95 和图 1-96 所示。

7）执行"选择"→"反选"命令，修饰荷花边沿，去除荷花周边黑线，如图 1-97 和图 1-98 所示。

8）返回"荷花"图层，执行"菜单"→"图像"→"调整"→"去色"命令，关闭"去底荷花"图层前的"眼睛"图标，如图 1-99～图 1-101 所示。

9）返回"去底荷花"图层，打开"去底荷花"图层"眼睛"图标，得到最终效果，如图 1-102 和图 1-103 所示。

10）调整图像和各个图层，最终效果如图 1-104 所示。

图形图像处理

图 1-95

图 1-96

图 1-97

图 1-98

图 1-99

图 1-100

图 1-101

图 1-102

图 1-103

图 1-104

●●● 任务评价与拓展

- 评分标准

灵活应用工具的能力（30%）	再现画面的能力（30%）	艺术表现（20%）	质量与熟练度（20%）

　　试着用所学知识制作图 1-105，或者选择其他适合的素材图片，进行拓展练习，实践和巩固所学知识。

图 1-105

项目小结

通过本项目的学习，读者能对 Photoshop 软件具备一定的认知，学会工具箱中钢笔工具、移动工具、磁性套索工具、橡皮工具以及图层面板等的使用方法，了解本项目的制作思路和制作流程，掌握所涉及的内容和知识点。

Project 2

项目2

人物与背景合成制作

学习目标

★ 了解Photoshop中快速蒙版、画笔工具的相关知识以及基本应用

★ 了解Photoshop中通道的相关知识以及基本应用

★ 熟练掌握白色背景人物头像制作任务的制作思路和制作流程

★ 熟练掌握蔚蓝天空背景与人物合成制作任务的制作思路和制作流程

必备知识　快速蒙版的应用

本节内容主要学习快速蒙版和画笔工具的基础知识和基本原理，了解和掌握快速蒙版和画笔工具的相关知识、使用方法和应用技巧。

一、快速蒙版的定义

快速蒙版是一种用于创建和编辑选区的功能，本质上是选区的另一种表现形式。快速蒙版模式可以将任何选区作为蒙版进行编辑，而无须使用"通道"调板，在查看图像时也可如此。将选区作为蒙版来编辑的优点是几乎可以使用任何 Photoshop 工具或滤镜修改蒙版，如图 2-1 所示。

图 2-1

二、快速蒙版的功能

快速蒙版的作用是通过用黑白灰三类颜色画笔来做选区，白色画笔可画出被选择区域，黑色画笔可画出不被选择区域，灰色画笔可画出半透明选择区域。

使用画笔画出线条或区域，然后再按 <Q> 键，得到的是选区和一个临时通道，我们可以在选区进行填充或修改图片和调色等，当然还有扣图。

快速蒙版可以快速处理当前选区，不会生成相应附加图层（象征性在画板上用颜色区分），简单快捷。

三、快速蒙版的使用特点

1）如果用选框工具创建了一个矩形选区，可以进入快速蒙版模式并使用画笔扩展或收缩选区，也可以使用滤镜扭曲选区边缘。从选中区域开始，使用快速蒙版模式在该区域中添加或减去以创建蒙版。另外，也可完全在快速蒙版模式中创建蒙版。

2）受保护区域和未受保护区域以不同颜色进行区分。当离开快速蒙版模式时，未受保护区域成为选区。当在快速蒙版模式中工作时，"通道"调板中出现一个临时快速蒙版通道。但是，所有的蒙版编辑是在图像窗口中完成的。

四、快速蒙版的实际操作

通过快速蒙版实际案例的操作，了解和熟悉其使用的基本方法和操作规律，以便更好地掌握快速蒙版的使用技巧。

1. 创建快速蒙版

1）打开图像，单击工具箱中的"以快速蒙版模式编辑"按钮或按 <Q> 键，可以进入快速蒙版编辑模式。此时在"通道"面板中可以观察到一个快速蒙版通道，如图 2-2 和图 2-3 所示。

图 2-2

图 2-3

2）红色的区域表示未选中的区域，非红色区域表示选中的区域。单击工具箱中的"以快速蒙版模式编辑"按钮或按<Q>键退出快速蒙版编辑模式，可以得到想要的选区。另外，在快速蒙版模式下，还可以使用滤镜来编辑蒙版，如图2-4所示。

图 2-4

2. 快速蒙版抠图使用总结

1）单击工具栏中的快速蒙版按钮，然后结合画笔工具（橡皮擦）在图像边缘部分涂抹增加、减去来确定所要抠图的主体。

2）默认设置下，红色的部分就是快速蒙版。在选区以内的画面是没有红色的，只有选区以外才有红色。

3）蒙版就是选区，只不过形式不一样而已。凡是要的部分，就是完全透明，不发生任何变化；凡是不要的部分，就用红色的蒙版给蒙起来。

4）前景色设为白色，用画笔来涂抹，这样就产生了所需要的选区。如果觉得选区太大，要改小，就将前景色改成黑色，再来涂抹。现在画出来的是红色半透明的蒙版。这就是蒙版的好处，可以随意地修改，比套索工具画选区方便很多。

5）快速蒙版中白色是选中的部分，黑色是不需要的部分。也可使用橡皮擦，橡皮擦与画笔的设置是相反的，黑色的橡皮擦等于白色的画笔。

快捷键小技巧

<X>：切换前景色和背景色。
<Q>：快速蒙版模式和标准模式的转换。
<Ctrl+A>：全选。
<Ctrl+Space>：放大镜。
<Space>：平移。

必备知识　画笔工具的应用

画笔工具在Photoshop工具箱中是重要的绘制工具之一，通过学习画笔工具组的使用、画笔的设置与选择、画笔的定义与保存、绘制的不透明度和效果保存等知识，了解和掌握画笔的使用方法与技巧。

一、画笔工具组的使用

画笔工具的使用方法和实际中利用毛笔在图纸上绘画是一样，可以表现出多种边缘柔软的效果，如图2-5所示。

画笔工具的选项栏包括画笔、模式、不透明度、流量和平滑，如图2-6所示。

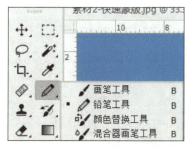

图 2-5

图 2-6

二、画笔的设置与选择

1. 画笔的设置

选择使用"画笔"工具后,单击"画笔"工具栏右侧的按钮,打开"画笔"调板,也可以选择"窗口"→"画笔"命令,打开"画笔"调板。

(1) **画笔预设** 单击调板中的左侧区域勾选此项,可以在右侧看到各种画笔预设。单击调板右下角的按钮,可以创建新的画笔预设,单击按钮,可以删除原有的画笔预设。

(2) **画笔笔尖形状** 包含大小、硬度、间距、角度和圆度等属性,如图2-7所示。

2. 画笔选择

(1) **直径** 可以控制画笔的大小,通过拖动滑块或输入以像素为单位的数值进行调节。

(2) **翻转X/翻转Y** 勾选"翻转X",可以改变画笔笔尖在X轴上的方向;勾选"翻转Y",可以改变画笔笔尖在Y轴上的方向。

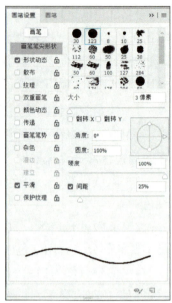

图 2-7

(3) **角度** 指椭圆形画笔或圆形画笔长轴与水平线的偏角,通过拖动滑块或输入数值进行调节。

(4) **圆度** 控制圆形画笔笔尖长短轴的比例,通过拖动滑块或输入数值进行调节。

(5) **硬度** 控制画笔硬度中心的大小,通过拖动滑块或输入百分比数值进行调节。数值越小,画笔边缘越模糊。

(6) **间距** 控制画笔笔尖之间的距离,通过拖动滑块或输入百分比数值进行调节。数值越小,间隔的距离就越小。

3. 形状动态

勾选"画笔"工具调板左侧的"形状动态"选项,调板右侧会显示出该选项所对应的设置参数。

(1) **大小抖动** 控制画笔抖动的变化程度。通过拖动滑块或输入百分比数值进行调节。

(2) **控制** 确定画笔笔迹变化的方式。

(3) **最小直径** 决定了画笔笔迹可以缩放的最小百分比,数值越小,画笔抖动的变化越大。

(4) **倾斜缩放比例** 只有在"控制"下拉列表中勾选"钢笔斜度"选项时,该选项才被激活,此时可在"倾斜缩放比例"选项中设置画笔高度比例因子。

(5) **角度抖动/控制** 确定画笔笔迹角度的变化程度。

(6) **圆度抖动/控制** 确定画笔笔迹圆度改变的方式。

(7) **最小圆度** 确定画笔笔迹的最小圆度。

(8) **翻转X轴抖动/翻转Y轴抖动** 设置画笔笔尖在X轴或Y轴上的方向。

4. 散布

散布用来指定描边中笔迹的数量和位置,勾选"画笔"调板左侧的"散布"选项,调板右侧会显示该选项对应的设置参数。

(1) **散布** 设定画笔笔迹在描边中的分散程度。

(2) **控制** 确定画笔笔迹的分散方式。

(3) **数量** 设置在间隔处画笔笔迹的数量。

(4) **数量抖动/控制** 设定在间隔处画笔笔迹数目的变化程度。

5. 纹理

纹理用于设定画笔和图案纹理相混合的方式。

(1) **纹理下拉调板** 单击纹理图案右侧的按钮可以打开下拉调板,从中可以选择所需的纹理。

(2) **反相** 勾选此项,取反相纹理,反转图像纹理中的亮点和暗点。

(3) **缩放** 用来设置图案的缩放比例。

（4）**为每个笔尖设置纹理**　可以把选中的纹理单独应用于画笔描边中的每个画笔笔迹，而不是整体应用于画笔描边。

（5）**模式**　确定纹理和画笔的混合模式。

（6）**深度**　确定纹理和画笔的作用程度。

（7）**最小深度**　当在"控制"下拉列表中选择"渐隐""钢笔压力"等选项时，最小深度用于设定画笔和纹理作用的最低程度。

（8）**深度抖动/控制**　设定深度的变化程度。

6. 双重画笔

用于设定两种画笔的混合效果。

（1）**模式**　设定两种画笔的混合模式。

（2）**直径**　设定第二画笔的直径。

（3）**间距**　设定第二画笔的间距。

（4）**散布**　设定第二画笔笔尖的分散程度。

（5）**数量**　设定在第二画笔中间隔处画笔笔迹的数目。

7. 颜色动态

颜色动态用于设定画笔的色彩性质。

（1）**前景/背景抖动**　设置画笔颜色在前景色和背景色之间的变化程度。

（2）**色相抖动**　设置笔迹颜色色相的变化程度。

（3）**饱和度抖动**　设置画笔笔迹颜色的饱和度变化程度。

（4）**亮度抖动**　设置画笔笔迹颜色亮度的变化程度。

（5）**纯度**　设置画笔笔迹颜色纯度的变化程度。

8. "画笔"面板设置

"画笔"面板左侧还有 5 个单独的选项，包括"杂色""湿边""喷枪""平滑"和"保护纹理"。

（1）**杂色**　为画笔边缘添加柔化效果。

（2）**湿边**　可以使画笔具有水彩效果。

（3）**喷枪**　可以使画笔具有喷枪的性质。

（4）**平滑**　可以使画笔边缘更平滑。

（5）**保护纹理**　勾选此项后，在使用多个纹理画笔笔尖绘画时，可以模拟出一致的画布纹理。

三、画笔的自定义和保存

在 Photoshop 中可以创建自定义的画笔，具体的操作步骤如下。

1）打开"Sample\ch05\黄花.jpg"文件。

2）选择椭圆选框工具，工具选项栏中设置羽化值为 30px，在图像上创建一个选区。

3）执行"编辑"→"定义画笔预设"命令，弹出"画笔名称"对话框。在"名称"文本编辑框中输入"花"，然后单击"确定"按钮，创建自定义画笔。

4）打开"画笔"调板，选择调板左侧的"画笔预设"选项，在画笔列表中找到新建的画笔。

四、不透明度和效果模式

1. 设置绘图的不透明度

设置绘图时画笔的不透明度，如图 2-8 和图 2-9 所示。

图　2-8

2. 效果模式

（1）**正常** 默认的模式，处理图像时直接生成结果色。

（2）**溶解** 在处理图像时直接生成结果色，但在处理过程中，将基本色和混合色随机溶解开。

（3）**背后** 只能在图层的透明层上编辑，效果是画在透明层后面的层上。

（4）**清除** 去掉颜色。

（5）**变暗** 将基本色和混合色中较暗的部分作为结果色。

（6）**正片叠底** 基本色和混合色相加。

（7）**颜色加深** 基本色加深后去反射混合色。

（8）**线性加深** 颜色线性逐渐加深。

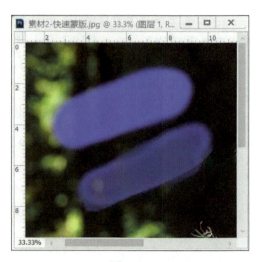

图 2-9

（9）**变亮** 将基本色和混合色中较亮的部分作为结果色。

（10）**滤色** 基本色和混合色相加后取其负项，所以颜色会变浅。

（11）**颜色减淡** 基本色加亮后去反射混合色。

（12）**线性减淡** 颜色线性逐渐减淡。

（13）**叠加** 图像或是色彩加在像素上时，会保留其基本色的最亮处和阴影处。

（14）**柔光** 其效果类似于图像上漫射聚光灯，当绘图颜色灰度小于50%时则会变暗，反之则亮。

（15）**强光** 效果类似于在图像上投射聚光灯。

（16）**亮光** 变亮的幅度比亮光、线性光大。

（17）**线性光** 线形逐渐变亮。

（18）**点光** 通过增加或减少对比度来加深或减淡颜色，具体取决于混合色。

（19）**实色混合** 笔刷混合模式。

（20）**差值** 将基本色减去混合色或是将混合色减去基本色。

（21）**排除** 效果类似于前者，更柔和。

（22）**色相** 用基本色的饱和度和明度与混合色的色相产生结果色。

（23）**饱和度** 用基本色的饱和度和明度与混合色的饱和度产生结果色。

（24）**颜色** 用基本色的明度与混合色的色相和饱和度产生结果色。

（25）**明度** 产生与"颜色"相反的效果。

五、画笔工具的实际操作

下面介绍两个画笔工具的实际操作案例，即绘制心形云彩和枫叶，通过案例的制作方法和流程，进一步掌握画笔工具的使用方法和技巧。

1. 绘制心形云彩

1）在 Photoshop 中打开素材，将前景色调为白色。

2）用钢笔工具画出云彩形状的路径。

3）选择"画笔工具"，按 <F5> 键切换到"画笔"面板，并将"画笔笔尖形状"设置成大小50像素，硬度0%，如图 2-10 所示。

4）设置"形状动态"为大小抖动100%，最小直径20%，如图 2-11 所示。

5）设置"散布"为120%，数量5，如图 2-12 所示。

6）设置"纹理"为系统默认的云彩纹理，如图 2-13 所示。

7）设置"传递"为不透明度抖动50%，流量抖动20%，这样就有了云彩的蓬松感，如图 2-14 所示。

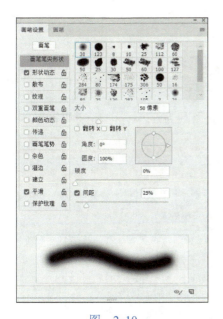
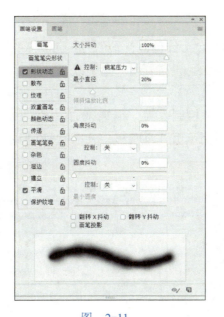

图 2-10　　　　　　　　　图 2-11　　　　　　　　　图 2-12

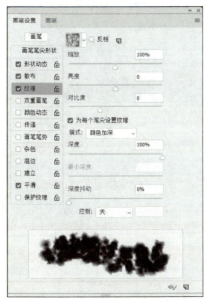

图 2-13　　　　　　　　　图 2-14

8）新建图层。执行"画笔工具"→"路径面板"→"用画笔描边路径"命令，心形云彩制作完成，效果如图 2-15 所示。

图 2-15

2. 绘制枫叶

1）打开素材，新建图层，前景色为红色，背景色为黄色。

2）选择"画笔工具"，单击<F5>键，调出"画笔设置"面板，单击"画笔笔尖形状"，选择"散布枫叶"，如图2-16所示。

3）单击"形状动态"，设置"控制"为"钢笔压力"，"最小直径"为33%，"角度抖动"为100%，"圆度抖动"为56%，"最小圆度"为25%，如图2-17所示。

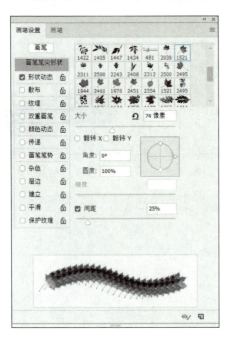

图 2-16

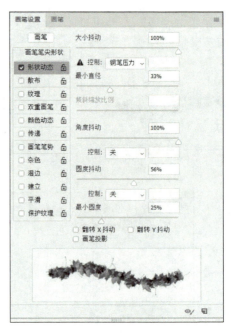

图 2-17

4）单击"散布"选项，设置"散布"为1000%；"数量"为2，"数量抖动"为98%，如图2-18所示。

5）单击"颜色动态"选项，设置"前景/背景抖动"为25%，"色相抖动"为13%，"饱和度抖动"为22%，"亮度抖动"为22%；"纯度"为0%，如图2-19所示。

图 2-18

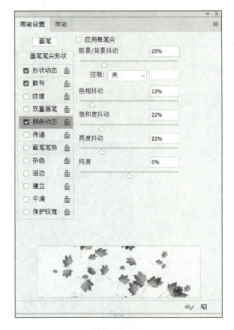

图 2-19

6）单击"传递"选项，设置"不透明度抖动"为30%，"流量抖动"为0%，如图2-20所示。

7）按 <F5> 键关闭"画笔设置"面板，在新建的图层中绘制即可，如图 2-21 所示。

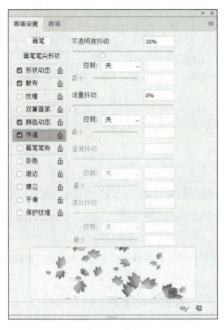

图　2-20

图　2-21

必备知识　通道的应用

本节内容主要学习通道的基础知识、基本原理、各类型通道及应用规律，了解和掌握通道的相关知识和应用技巧。

一、通道的定义

通道是 Photoshop 中非常重要的工具，是平面设计师的得力工具。通道是存储不同类型信息的灰度图像，主要用于存放图像的颜色分量和选区信息。通道是一种较为特殊的载体，常用来调整图像颜色、创建和保存选区，如图 2-22 所示。

1）在通道面板中最先列出的是复合通道，后面分别是颜色通道、专色通道和 Alpha 通道，每个图像最多可包含 56 个通道。

2）在通道中，可以将选区作为 8 位灰度图像保存，也可以使用绘画工具、编辑工具和滤镜对通道进行编辑，每个图像最多可包含 24 个通道。

图　2-22

1．颜色通道

颜色通道就是含有颜色信息的通道，也称为原色通道，即所有像素点所包含的某一种原色信息。每个颜色通道都是一幅灰度图像，它只代表一种颜色的明暗变化。

1）在一幅图像中，所有像素点的颜色通道是在用户新建和打开图像时自动创建的。

2）图像的颜色模式决定了所创建的颜色通道的数目。

3）对于 RGB 图像来说，颜色通道中较亮的部分表示这种原色用量较大，颜色较暗的部分表示该原色用量少。

4）对于 CMYK 图像来说，颜色通道中较亮的部分表示这种原色用量较少，颜色较暗的部分表示该原色用量多。

2．复合通道

一幅图像中所有颜色通道混合在一起构成彩色的复合通道，也就形成了图像的彩色效果。打开复合通道前面的"眼睛"图标,图像即显示为标准状态的彩色图像。

3. Alpha 通道

Alpha 通道是一种特殊的通道,其主要功能是保存和编辑选区信息与蒙版信息。一些在图层中不易得到的选区,都可通过灵活使用 Alpha 通道中的黑白对比来完成创建。

1)创建 Alpha 通道。在"通道"面板中单击"创建新通道"按钮,或执行"选择"→"存储选区"命令所创建的就是 Alpha 通道。

2)可随时增加或删除 Alpha 选区通道。在存储图像前删除不再需要的 Alpha 通道,不仅可以减小图像文件占用的磁盘空间,还可以提高图像文件的处理速度。

4. 专色通道

专色通道是用于保存专色信息的通道,可以作为一个专色版应用到图像和印刷当中,这是它区别于 Alpha 通道的明显之处。同时,专色通道又具有 Alpha 通道的一切特点:保存选区信息、透明度信息。可以将图像中一部分以专色的形式复制,得到更好的印刷效果。

每个专色通道只是以灰度图形存储相应专色信息,与其在屏幕上的彩色显示无关。除非在多通道模式,否则不能在通道面板中将专色移动到默认通道的上面。

1)除非在多通道模式,否则不能在通道面板中将专色移动到默认通道的上面。

2)不能将专色应用于单个图层。

5. 专色

专色就是黄、品红、青、黑 4 种原色油墨以外的其他印刷颜色,在印刷时每种专色油墨对应着一块印版,彩色印刷品是通过 CMYK 4 种原色油墨印制而成的,但印刷品油墨本身存在一定的偏差,再现一些纯色时会出现很大的误差。所以在一些高档印刷品中,需要加印一些专色来更好地再现其中的纯色信息。

专色使用的专色油墨是一种预先混合好的特定彩色油墨,用来替代或补充印刷色(CMYK)油墨,如明亮的橙色、绿色、荧光色、金属金银色油墨等,它不是靠 CMYK 4 色混合出来的。

二、通道面板的使用

1. 通道面板展示(见图 2-23)

图 2-23

2. 通道的基本操作

在面板中打开"通道选项"对话框,可以设置通道的显示大小。在工具箱中单击快速蒙版按钮,可以设置各区域的显示颜色。要同时对几个通道进行操作，可按住 <Shift> 键依次选择多个通道。

3. 复制图像中的通道

1）在原图像中复制并粘贴通道：将通道拖到面板底部的创建新通道按钮或使用复制通道命令完成，当选择复制通道命令时会弹出对话框，如图 2-24 和图 2-25 所示。

2）将通道复制到另一图像中，选中要复制的通道，将该通道从"通道"面板拖动到目标图像窗口，复制的通道会出现在"通道"面板的底部。

图 2-24

图 2-25

注意：采用此方法复制通道时，目标图像不必与所复制的通道具有相同的像素尺寸。

4. 删除通道

和复制通道的操作相似，可以按住 <Alt> 键单击删除当前通道按钮完成通道的删除操作。若删除了一个颜色通道，图像的模式会自动转换为"多通道模式"，图像颜色也将发生变化。

5. 通道作为选区载入

将通道作为选区载入时，单击面板底部的"将通道作为选区载入"按钮，或执行"选择"→"载入选区"命令。通道中的白色代表选区，黑色代表非选区，灰色代表半选区，运算的结果是生成选择区域，如图 2-26 ～图 2-28 所示。

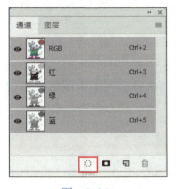
图 2-26

图 2-27

图 2-28

6. 将选区存储为通道

执行"选择"→"存储选区"命令或单击"将选区存储为通道"按钮，选区则变成 Alpha 通道，也是一个黑白图像。将选区存储为通道时，原选区将填充白色，原选区外（非选区）将填充黑色，羽化的区域（半选区）将填充灰色，运算的结果以通道的形式表现。执行命令后将打开"存储选区"对话框，可以选择保存的形式和相应的操作，如图 2-29 所示。

1）编辑通道的过程就是制作选区的过程，只是最后把通道转化为选区。

2）编辑 Alpha 通道的 3 个原则如下：

① 用黑色绘图可减少选区。

② 用白色绘图可增加选区。

③ 用灰色绘图可获得不透明度小于 100%，或者边缘羽化的选区。

图 2-29

7. 分离通道

"分离通道"命令可以将一幅图像中的通道分离为灰度图像，以保留单个通道信息，可以独立进行编辑和存储。对于 CMYK 模式的图像，有几个通道便会生成几个灰度文件；对于图层文件，则不能执行

"分离通道"命令；对于RGB模式的图像，通道分离后将产生R、G、B 3个灰度文件。分离通道的作用：

①分离后单独取其中一个或几个置于组版软件中，并设置相应的专色进行印刷，以得到一些特殊的效果；

②对于一些特大的图像，整体操作速度慢，分离后针对某个通道单独操作，最后在将通道合并，则可以提高工作效率。

8. 合并通道

将大小相同、分辨率相同的几个已经打开（或分离后）的灰度图像整合为一个图像，合并时需选择使用的颜色模式，以确定合并时选用的通道数，并允许选择合并图像所使用的颜色通道。超过4个通道数的只能合并成多通道模式的图像，如图2-30所示。

图 2-30

三、通道的实际操作

在图像的处理过程中，通道的应用非常广泛，不仅可以用来存储选区，还可以调整图像的颜色和选择复杂的图像。

1. 使用通道调整色彩

可以加一专色通道，再合并这一专色通道，如图2-31所示。

图 2-31

2. 通道抠图

（1）**通道抠图原理** 先选择较为清晰的颜色通道，用绘图和修饰工具进行黑白灰的处理，再将处理好的通道载入选区，最终在图像中出现虚线框起来的选区。

（2）**使用通道抠图的适用情况** 通道适合抠取影调能做区分的图像。对于含头发、皮毛、树枝这样边缘清晰、线条又细的图像，而且图的背景和前景色的差距比较大的情况，最好是创建通道蒙版实现抠图。

对于稍复杂一些的物体，只要物体边缘的颜色和背景色对比度稍大点，用户就可以通过灵活使用Alpha通道来创建选区。

3. 通道抠图中的思路

在几个通道中，要选择背景和前景色色相相差较大的一个通道进行处理，为了不破坏原图，需将要处理的通道进行复制。然后用各种混合模式或调整复制的通道的亮度/对比度、色相饱和度、色阶或曲线，使前景和背景最大可能地分离，以黑白色显示，可灵活调整；但仍然要注意把握好分寸，否则就会损失图像的层次感。初步调整后如不满意，就使用前景色设置画笔的颜色为黑色或白色，用画笔或路径工具做大的修补；要想微调，可把正处理的通道载入选区，再用画笔工具对已选取的选区进行修补。

4. 通道中的快捷键

1）执行"图像调整"→"反相"命令（按 <Ctrl+I> 组合键），按图像颜色的相反色着色（它是 Photoshop 里唯一不失色调的方法）。

2）执行"选择"→"反向"命令（按 <Ctrl+Shift+I> 组合键），选择图像中当前选区以外的所有区域，把图像中已选区和非选区进行变换。

5. 通道的实际操作案例

1）任意打开一幅图，在其中建立 2 个不同的通道，一个矩形选区通道，一个椭圆形选区通道，设置羽化效果，执行通道运算，分析查看不同算法的结果，如图 2-32 和图 2-33 所示。

图 2-32

图 2-33

2）执行"图像"→"计算"命令，混合模式为"亮光"，执行计算命令后的结果，如图 2-34 和图 2-35 所示。

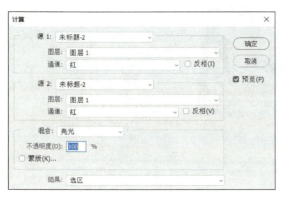

图 2-34

图 2-35

3）利用"应用图像"命令合成通道（图像），使另一个文件的通道和当前图像文件执行计算功能，可使图像的彩色复合通道做计算，要求 2 个图像具有相同大小和分辨率。其运算的结果被加到当前图像的图层上，如图 2-36 和图 2-37 所示。

图 2-36

图 2-37

4）执行"图像"→"应用图像"命令，混合模式为"滤色"，如图2-38和图2-39所示。

图 2-38　　　　　　　　　　　图 2-39

任务1　白色背景人物头像制作

本任务主要学习制作白色背景人物头像，通过讲述基本概要、制作思路和过程，让学生掌握相关基础知识和技能。

●●● 任务分析

本任务主要运用了工具箱中的"画笔"工具 、"快速蒙版"工具 、"橡皮擦"工具 ，配合图层面板来完成任务的制作。本任务原图和最终效果如图2-40和图2-41所示。

图 2-40　　　　　　图 2-41

●●● 任务实施

1）首先打开图片，需要对图中人物头发做处理，如图2-42所示。
2）单击"快速蒙版"，如图2-43所示。
3）然后按<B>键右击图片设置画笔，如图2-44所示。

图 2-42　　　图 2-43　　　　图 2-44

4)在图中进行绘制,效果如图 2-45 所示。

5)单击"快速蒙版"出现选区,按 <Ctrl+Shift+I> 组合键反选。然后新建空白图层,填充颜色为白色,放置到"图层 0"的上面,选择添加矢量蒙版,对"图层 0 拷贝"层添加图层蒙版,如图 2-46 所示。

图 2-45

图 2-46

6)用画笔修整人物边缘,按 <X> 键调换前景 / 背景,调整画笔大小,左括号"["为缩小,右括号"]"为放大,如图 2-47 所示。

7)新建图层,把人物图抠出后放置到新图层上,用橡皮工具继续调整人物边缘,打开白色图层的"眼睛"图标,得到效果如图 2-48 所示。

图 2-47

图 2-48

8)最后盖印,如图 2-49 所示。

9)最终效果如图 2-50 所示。

图 2-49

图 2-50

任务评价与拓展

评分标准

灵活应用工具的能力（30%）	再现画面的能力（30%）	艺术表现（20%）	质量与熟练度（20%）

选择其他适合的素材图片进行拓展练习，实践和巩固所学知识。部分素材原图和处理后效果图如图 2-51～图 2-54 所示。

图 2-51　　　　　图 2-52　　　　　图 2-53　　　　　图 2-54

任务2　蔚蓝天空背景与人物合成制作

本任务主要学习蔚蓝天空背景与人物合成制作，讲述其基本概要和制作思路，通过描述具体的制作过程，掌握相关基础知识和技能。

任务分析

本任务主要运用了工具箱中的"画笔"工具 和"橡皮擦"工具，配合填充和调整图层里的调整色阶、通道面板和图层面板等来完成任务的制作。本任务最终效果如图 2-55 所示。

图 2-55

项目2 人物与背景合成制作

●●● **任务实施**

1）打开素材图片，如图 2-56 所示。

2）单击图层"通道"面板，复制"红色"通道，如图 2-57 所示。

图 2-56

图 2-57

3）按 <CTRL+L> 组合键，调出"色阶"对话框，设置参数为 56、0.51、255，如图 2-58 所示。

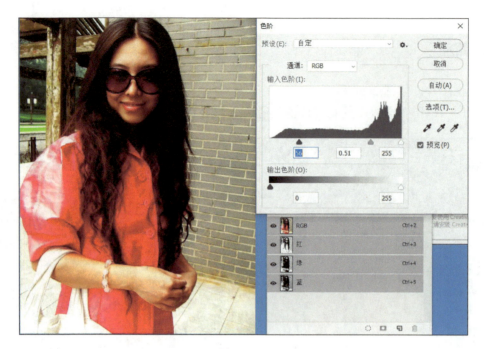

图 2-58

4)复制"红色"通道,前景设为"黑色",用"画笔"工具把图像背景涂黑。在工具箱底部设置前景色,前景设为"白色"。用"画笔"工具把图像背景调黑。

5)使用"画笔"工具,使用"白色"前景色填充人物轮廓,尽量全部涂白,注意边线细节处,调节画笔大小,修整边线,使其处于白色状态,如图 2-59 所示。通道显示效果如图 2-60 所示。

图 2-59

6)激活红色通道区域,得到选区,返回 RGB 图层,复制并粘贴人物图像,到新建图层,得到去底的人物图像图层,如图 2-61 和图 2-62 所示。

7)打开天空素材图片,效果如图 2-63 所示。

图 2-60

图 2-61

图 2-62

图 2-63

8)激活并选择人物图像,复制并粘贴到天空图层里,调整人物图像尺寸到合适大小,效果如图 2-64 所示。

图 2-64

9)选择"色相/饱和度"调整人物皮肤颜色,按住 <Alt> 键,单击"色相/饱和度"图层和人物图像图层的中间,执行剪贴蒙版命令,该效果仅针对人物图像图层,效果如图 2-65 所示。

图 2-65

10)选择"色彩平衡",参数设置如图 2-66 和图 2-67 所示。

11)选择"亮度/对比度",参数设置如图 2-68 所示。

12)保存文件分别为 PSD 和 JPG 格式,最终效果如图 2-69 所示。

图 2-66

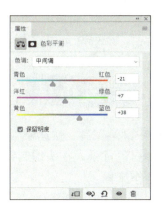

图 2-67

图 2-68

图 2-69

任务评价与拓展

● 评分标准

灵活应用工具的能力（30%）	再现画面的能力（30%）	艺术表现（20%）	质量与熟练度（20%）

选择其他适合的素材图片进行拓展练习，实践和巩固所学知识。

项目小结

通过本项目的学习，了解 Photoshop 中画笔工具、快速蒙版的相关知识和基本应用，了解 Photoshop 中通道的相关知识和基本应用，熟练掌握白色背景人物头像制作的制作思路和制作流程，熟练掌握蔚蓝天空背景与人物合成制作的制作思路和制作流程。

Project 3

琥珀图标与攀岩人物形象制作

学习目标

★ 了解Photoshop图层、路径、图层样式的基础知识和基本原理

★ 掌握Photoshop图层、路径、图层样式的使用技巧

★ 掌握琥珀图标制作任务的制作思路和制作流程

★ 掌握攀岩人物形象制作任务的制作思路和制作流程

必备知识　图层与路径的应用

本节内容主要学习图层、图层样式和路径等相关基础知识和应用方法，通过学习让学生掌握图层、图层样式和路径的使用方法，让学生了解和掌握其相关知识和应用技巧。

下面介绍图层样式的概念、图层样式的分类、图层混合模式的概念以及使用方法。

一、图层样式的应用

1. 图层样式概念

图层样式可以快速生成阴影、浮雕、发光等效果执行"图层"→"图层样式"命令，然后在子菜单中选择投影等效果。或者可以在图层命令调板中单击"添加图层样式"按钮，再选择各种效果。

2. 图层样式的分类

图层样式的分类如图3-1所示。

二、路径的应用

1. "图层样式"混合选项

单击"图层"面板中的"添加图层样式"按钮，或在"图层"面板中双击"图层"图标，打开"图层样式"对话框。

1）常规混合中的不透明度设定会影响图层中的所有像素，包括执行图层样式后增加或改变的部分。

图 3-1

2）高级混合中的不透明度，只影响图层中原有的像素或绘制的图形，并不影响执行样式后带来的新像素的不透明度。

3）"挖空"：用来设定穿透某图层能否看到其他图层的内容。"浅"，只限于本图层组；"深"，可挖空至背景层或透明。

4）"将内部效果混合成组"：用来控制执行"外发光""光泽""颜色叠加""渐变叠加""图案叠加"（不包括"外阴影"）效果的图层。

2. 混合选项的应用

（1）**使用混合颜色带抠图**　使用混合颜色带抠图的优点：调用容易，设置简单，非常适合处理明暗变化非常大、背景单一、边缘非常复杂的图像的抠取。

抠图技巧：选择要进行调整的颜色带（根据背景色决定，可以选择多个通道先后进行调整）。移动左侧黑色滑块去除深色，移动右侧白色滑块去除浅色。按下<Alt>键，用鼠标拖动黑（白）色滑块，会把它拆分为两个滑块，随着拆分距离的加大，边缘会变得非常柔和，有了透明过渡的效果。调整滑块其实相当于调整容差。

（2）**合成图像**　移动"本图层滑块"可以使本活动图层的区域消失，"下一图层滑块"则用来处理位于被双击图层下面的所有图层，这个滑块会使下面的图像部分显示出来，可以方便地合成图像。

3. 图层样式类型

图层样式的类型包括投影、内投影、外发光、内发光、斜面和浮雕、颜色叠加、图案叠加、渐变叠加、光泽、描边10种效果，常用来制作一些按钮、图标等质感较强的图像。

注意：此功能对"背景"图层不起作用，如果想为"背景"图层添加图层样式，需将其转换为普通图层后才可以。

（1）"投影"图层样式　在图层内容的后面添加阴影，使图像产生立体的效果。单击"模式"后面的色块可以调整阴影的颜色。

（2）"内阴影"图层样式　紧靠在图层内容的边缘内添加阴影，使图层具有凹陷外观，如图 3-2 和图 3-3 所示。

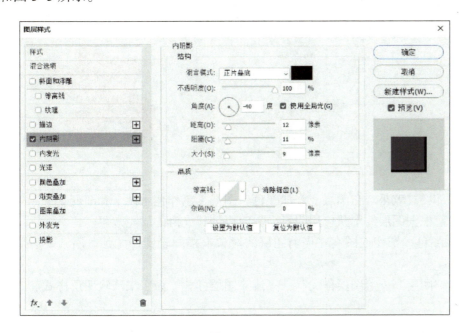

图 3-2　　　　　　　　　　　　　　　　　　　　图 3-3

（3）"外发光"和"内发光"图层样式　从图层内容的外边缘和内边缘添加发光或光晕效果，如图 3-4 和图 3-5 所示。

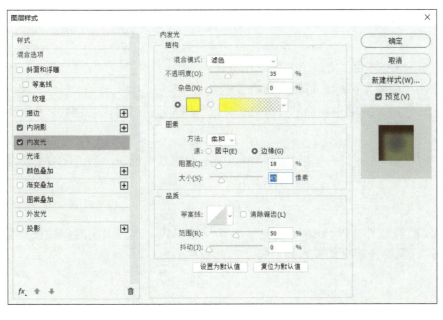

图 3-4　　　　　　　　　　　　　　　　　　　　图 3-5

（4）"斜面和浮雕"图层样式　该图层样式用于对图层添加高光与阴影的各种组合，如图 3-6 和图 3-7 所示。

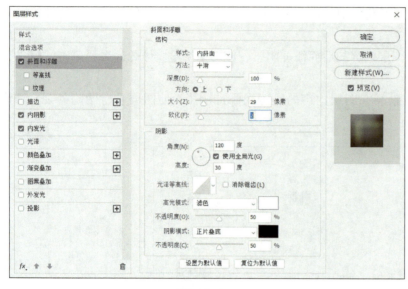

图 3-6　　　　　　　　　　　　　　　　　　图 3-7

（5）**颜色、图案和渐变叠加样式效果**　在图层上添加颜色、图案（制作艺术画）和渐变。

（6）**光泽效果**　在图层内部根据图层的形状应用阴影，一般可创建光滑的磨光效果。

（7）**描边样式效果**　使用颜色、渐变或图案在当前图层的对象上描画轮廓，尤其适用于硬边形状（如文字）。

（8）**清除图层样式**　执行"图层"→"图层样式"→"清除图层样式"命令来清除图层样式。

4. 编辑图层样式

为图层添加样式后，可以根据需要修改样式参数，添加其他样式。也可以隐藏或者删除样式以恢复图像。

5. 删除样式

在"图层"面板中，展开图层样式，将要删除的样式效果直接拖动到图层下方的"删除"按钮上，可直接删除此效果。

6. 显示或隐藏样式

如果要显示或隐藏添加到图层中的样式，有以下两种常用方法：

1）在"图层"调板中，单击"眼睛"图标，可以隐藏或显示此效果。

2）在"图层样式"对话框中，如果效果名称前面的方框内有对号，则表示在图层效果中添加了此效果。

7. "样式"调板应用预设样式

在"图层"调板中选择要添加的样式图层，然后执行"窗口"→"样式"命令，打开"样式"调板中的预设样式。

8. 载入样式

除了在"样式"调板中显示的样式外，Photoshop 还提供了其他的样式，这些图层的样式按功能分在不同的库中。要使用这些样式，需要先将它们载入到"样式"调板中。

三、图层样式的操作

创建阴影效果，掌握使用图层样式的方法。通过步骤的演示，掌握创建放射阴影的方法。

1. 图层样式的应用——创建阴影效果

投影是一种简单的偏移阴影，它保持与投下它的对象完全相同的形状。在"图层样式"对话框中完成设置和创建。

自然阴影是指把现有的阴影转换为一个可以覆盖到另一个对象的阴影，并从阴影边缘之外删除所有的灰色部分。

1）制作自然阴影需要将主题复制一个图层，在新复制的图层中用"钢笔"工具或其他选择工具选中主体，反选主体以外的区域，并将其删除，这样修改背景图层时，主体才会不被干扰，如图3-8所示。

图 3-8

2）被操作的图层背景不是白色或者灰色时，执行"图像"→"调整"→"去色"命令，将图像变为灰度图片，因为下一步会用到阈值。执行"图像"→"调整"→"阈值"命令，打开"阈值"对话框，移动滑块，直到背景图层都转换为白色。这时看到的阴影太黑而且边缘太生硬，执行"图像"→"调整"→"色阶"命令，移动右上角的滑块到合适值为止。

3）如果原来的背景是白色或者灰色，在应用色阶后可能会出现某些颜色，这些颜色在大多数时候会使阴影显得真实。有时颜色太强的话就要调整颜色，执行"图像"→"调整"→"色相饱和度"命令，打开"色相"→"饱和度"对话框，移动饱和度滑块进行调整。要把阴影覆盖到新的背景上面，就像油墨绘制的一幅画一样，看不出破绽来，只要背景是透明的就可以了，这时将这两个图层链接起来，拖到另一个图像中，选中阴影图层，将"混合模式"修改为"正片叠底"，就会产生透明的阴影。

2. 创建放射阴影的一般步骤

1）"放射阴影"会夸大对象的高度，但投影基于被投影对象的形状。首先复制一个图层的副本，然后用"钢笔工具"选中主题之后按<Ctrl+Shift+I>组合键反选，将背景删除，只剩下主体，如图3-9所示。

2）按<Ctrl>键并在"图层1副本上"单击，创建出选区，接着新创建一个图层"图层2"，按<D>键把前景色切换为黑色。单击"渐变"工具，打开预设调板，选择"前景到透明"渐变预设，用渐变填充选区，在主题的底部单击并一直拖到主体顶部，释放鼠标，按<Ctrl+D>组合键消除选区，如图3-10所示。

图 3-9　　　　　　　　　　　　　　　　　　图 3-10

3）要想使阴影显示在主题下，需要在图层面板中拖动阴影图层，使它位于主体层之下，为了使阴影偏向一定的角度，执行"编辑"→"变换"→"扭曲"命令变换"图层2"的角度和位置，但其边缘还是显得太清晰。在实际中，阴影离图片的主体越远，它们就会变得越模糊。为了得到比较自然的效果，选择"高斯模糊"命令将其模糊处理一下就可以了，效果如图 3-11 所示。

四、图层混合模式的应用

通过此部分的讲解，学习图层混合模式的概念，学习图层混合模式的类型，了解和掌握相关知识。

1. 图层混合模式概述

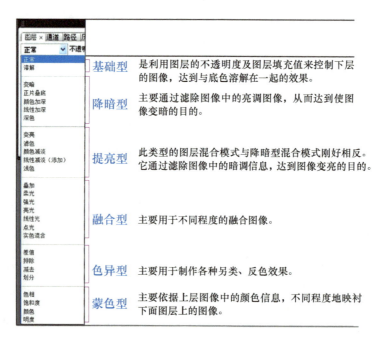

图 3-11

决定当前图层中的像素与其下面图层中的像素以何种模式进行混合，简称图层模式。图层混合模式是 Photoshop 中最核心的功能之一，也是在图像处理中最为常用的一种技术手段。使用图层混合模式可以创建各种图层特效，实现充满创意的平面设计作品。

Photoshop 中有多种图层混合模式，每种模式都有其各自的运算公式。因此，对同样的两幅图像，设置不同的图层混合模式，得到的图像效果也是不同的。根据各混合模式的基本功能，大致分为 6 类，如图 3-12 所示。

图 3-12

在讲述图层混合模式之前，首先学习 3 个术语：基色、混合色和结果色。

基色：指当前图层之下的图层的颜色。

混合色：指当前图层的颜色。

结果色：指混合后得到的颜色。

2. 混合模式类型

（1）**正常混合模式** 正常混合模式下编辑每个像素，都将直接形成结果色，这是默认模式，也是图像的初始状态。在此模式下，可以通过调节图层不透明度和图层填充值的参数，不同程度地显示下一层的内容。

（2）**溶解混合模式** 溶解混合模式是用结果色随机取代具有基色和混合颜色的像素，取代的程度取决于该像素的不透明度。

下一层较暗的像素被当前图层中较亮的像素所取代，达到与底色溶解在一起的效果。但是，根据任何像素位置的不透明度，结果色由基色或混合色的像素随机替换。因此，溶解模式最好是同一些着色工具使用效果比较好，如画笔工具、橡皮擦工具等。

(3) **变暗混合模式** 变暗混合模式在混合时，将绘制的颜色与基色之间的亮度进行比较，亮于基色的颜色都被替换，暗于基色的颜色保持不变。在变暗模式中，查看每个通道的颜色信息，并选择基色与混合色中较暗的颜色作为结果色。

变暗模式导致比背景色更淡的颜色从结果色中去掉，浅色的图像从结果色中被去掉，被比它颜色深的背景颜色替换掉了。

(4) **正片叠底混合模式** 正片叠底混合模式用于查看每个通道中的颜色信息，利用它可以形成一种光线穿透图层的幻灯片效果。其实就是将基色与混合色相乘，再除以255，便得到了结果色的颜色值，结果色总是比原来的颜色更暗。当任何颜色与黑色进行正片叠底模式操作时，得到的颜色仍为黑色，因为黑色的像素值为0；当任何颜色与白色进行正片叠底模式操作时，颜色保持不变，因为白色的像素值为255。

(5) **颜色加深混合模式** 颜色加深混合模式用于查看每个通道的颜色信息，使基色变暗，从而显示当前图层的混合色。在与黑色和白色混合时，图像不会发生变化。

(6) **线性加深混合模式** 线性加深混合模式同样用于查看每个通道的颜色信息，不同的是，它通过降低亮度使基色变暗来反映混合色。如果混合色与基色呈白色，混合后将不会发生变化，混合色为黑色的区域均显示在结果色中，而白色的区域消失，这就是线性加深模式的特点。

(7) **深色混合模式** 深色混合模式依据当前图像混合色的饱和度直接覆盖基色中暗调区域的颜色。基色中包含的亮度信息不变，以混合色中的暗调信息所取代，从而得到结果色。深色混合模式可反映背景较亮图像中暗部信息的表现。

(8) **变亮混合模式** 变亮混合模式与变暗混合模式的结果相反。通过比较基色与混合色，把比混合色暗的像素替换，比混合色亮的像素不改变，从而使整个图像产生变亮的效果。

(9) **滤色混合模式** 滤色混合模式与正片叠底模式相反，它查看每个通道的颜色信息，将图像的基色与混合色结合起来，产生比两种颜色都浅的第三种颜色，就是将绘制的颜色与底色的互补色相乘，然后除以255得到的混合效果。通过该模式转换后的效果颜色通常很浅，像是被漂白一样，结果色总是较亮的颜色。由于滤色混合模式的工作原理是保留图像中的亮色，利用这个特点，通常在对丝薄婚纱进行处理时采用此模式。

另外，在对图片中曝光不足的现象进行修正时，利用滤色模式，也能很快地调整图像亮度。

(10) **颜色减淡混合模式** 颜色减淡混合模式用于查看每个通道的颜色信息，通过降低对比度使基色变亮，从而反映混合色，除了指定在这个模式的层上边缘区域更尖锐，以及在这个模式下着色的笔画之外，颜色减淡混合模式类似于滤色模式创建的效果。

(11) **线性减淡混合模式** 线性减淡混合模式与线性加深混合模式的效果相反，它通过增加亮度来减淡颜色，产生的亮化效果比滤色模式和颜色减淡模式都强烈。工作原理是查看每个通道的颜色信息，然后通过增加亮度使基色变亮来反映混合色。与白色混合时，图像中的色彩信息降至最低；与黑色混合时不会发生变化。

(12) **浅色混合模式** 浅色混合模式依据当前图像混合色的饱和度直接覆盖基色中高光区域的颜色。基色中包含的暗调区域不变，以混合色中的高光色调所取代，从而得到结果色。

(13) **叠加混合模式** 叠加混合模式实际上是正片叠底模式和滤色模式的一种混合模式。该模式是将混合色与基色相互叠加，也就是说底层图像控制着上面的图层，可以使之变亮或变暗。比50%暗的区域将采用正片叠底模式变暗，比50%亮的区域则采用滤色模式变亮。

(14) **柔光混合模式** 柔光混合模式的效果与发散的聚光灯照在图像上的效果相似。该模式根据混合色的明暗来决定图像的最终效果是变亮还是变暗。如果混合色比基色更亮一些，那么结果色将更亮；如果混合色比基色更暗一些，那么结果色将更暗，增大图像的亮度反差。

(15) **强光混合模式** 强光混合模式是正片叠底模式与滤色模式的组合，它可以产生强光照射的效果，根据当前图层颜色的明暗程度来决定最终的效果是变亮还是变暗。如果混合色比基色的像素更亮一些，那么结果色更亮；如果混合色比基色的像素更暗一些，那么结果色更暗。这种模式实质上同柔光模式相似，区别在于它的效果要比柔光模式更强烈一些。在强光模式下，当前图层中比50%灰色亮的像素会使图像变亮；比 50% 灰色暗的像素会使图像变暗，但当前图层中纯黑色和纯白色将保持不变。

（16）**亮光混合模式**　亮光混合模式通过增加或减小对比度来加深或减淡颜色。如果当前图层中的像素比 50% 灰色亮，则通过减小对比度的方式使图像变亮；如果当前图层中的像素比 50% 灰色暗，则通过增加对比度的方式使图像变暗。亮光模式是颜色减淡模式与颜色加深模式的组合，它可以使混合后的颜色更饱和。

（17）**线性光混合模式**　线性光混合模式是线性减淡模式与线性加深模式的组合。线性光模式通过增加或降低当前图层颜色亮度来加深或减淡颜色。如果当前图层中的像素比 50% 灰色亮，可通过增加亮度使图像变亮；如果当前图层中的像素比 50% 灰色暗，则通过减小亮度使图像变暗。与强光模式相比，线性光模式可使图像产生更高的对比度，也会使更多的区域变为黑色或白色。

（18）**点光混合模式**　点光混合模式就是根据当前图层颜色来替换颜色。如果当前的图层颜色比 50% 的灰色亮，则比当前图层颜色暗的像素被替换，而比当前图层颜色亮的像素不变；若当前图层颜色比 50% 的灰色暗，则比当前图层颜色亮的像素被替换，而比当前图层颜色暗的像素不变。

（19）**实色混合模式**　实色混合模式下，当混合色比 50% 灰色亮时，基色变亮；如果混合色比 50% 灰色暗，则会使底层图像变暗。该模式通常会使图像产生色调分离的效果，当降低填充不透明度时，可减弱对比强度。

（20）**差值混合模式**　差值混合模式将混合色与基色的亮度进行对比，用较亮颜色的像素值减去较暗颜色的像素值，所得差值就是最后效果的像素值。

（21）**排除混合模式**　排除混合模式与差值混合模式相似，但排除混合模式具有高对比度和低饱和度的特点，比差值模式的效果要柔和、明亮。白色作为混合色时，图像以反转基色形式呈现；黑色作为混合色时，图像不发生变化。

（22）**色相混合模式**　色相混合模式是选择基色的亮度和饱和度值与混合色进行混合而创建的效果，混合后的亮度及饱和度取决于基色，但色相取决于混合色。

（23）**饱和度混合模式**　饱和度混合模式是在保持基色色相和亮度值的前提下，只用混合色的饱和度值进行着色。基色与混合色的饱和度值不同时，才使用混合色进行着色处理。若饱和度为 0，则与任何混合色叠加均无变化。当基色不变的情况下，混合色图像饱和度越低，结果色饱和度越低；混合色图像饱和度越高，结果色饱和度越高。

（24）**颜色混合模式**　颜色混合模式引用基色的明度和混合色的色相与饱和度创建结果色。它能够使用混合色的饱和度和色相同时进行着色，这样可以保护图像的灰色色调，但结果色的颜色由混合色决定。颜色模式可以看作是饱和度模式和色相模式的综合效果，一般用于为图像添加单色效果。

（25）**明度混合模式**　明度混合模式使用混合色的亮度值进行表现，而采用的是基色中的饱和度和色相。

> **总结与拓展**
>
> 本节内容主要介绍了图层样式和图层混合模式等相关知识及其使用方法，请自行练习，加深对知识点的了解。

必备知识　路径与路径文字的应用

本节内容主要学习路径和路径文字相关基础知识和应用方法，掌握路径和路径文字的使用方法。

一、路径的应用

下面介绍路径的定义和路径文字的概念以及使用方法。

1. 路径的定义

路径是基于贝塞尔曲线建立的矢量图形，就是用钢笔或自由钢笔工具所描绘出来的线或形状。路径是矢量，不含具体的像素，是创建各选区最灵活、最精确的方法之一，如图 3-13 所示。

锚点：由钢笔工具创建，是一个路径中两条线段的交点，路径是由锚点组成的。

直线点：按住 <Alt> 键并单击刚建立的锚点，可以将锚点转换为带有一个独立调节手柄的直线锚点。直线锚点是一条直线段与一条曲线段的连接点。

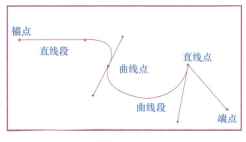

图 3-13

曲线点：曲线锚点是带有两个独立调节手柄的锚点，曲线锚点是两条曲线段之间的连接点，调节手柄可以改变曲线的弧度。

直线段：用钢笔工具在图像中单击两个不同的位置，将在两点之间创建一条直线段。

曲线段：拖曳曲线锚点可以创建一条曲线段。

端点：路径的结束点就是路径的端点。

2. 路径的特征

1）路径是具有多个节点的矢量线条构成的图形，更确切地说，路径是由贝塞尔曲线构成的形状较为规则的图形。

2）可以绘制或选取一些比较复杂的图形，还可以添加描边效果，制作多姿多彩的边框等。

3）路径同蒙版一样，都是在操作过程中使用，使用完毕后要删除或者隐藏路径。

4）路径可以是开放的，也可以是封闭的。

3. 路径的作用

1）可以绘制线条平滑的优美图形。

2）使用路径可以进行复杂图像的选取。

3）可以存储选区以备再次使用。

4. 与路径有关的工具

与路径有关的工具如图 3-14 所示。

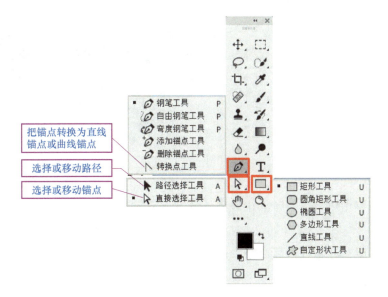

图 3-14

5. 路径面板

路径面板如图 3-15 所示。

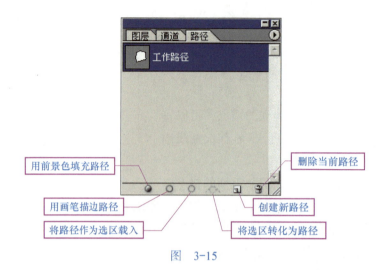

图 3-15

6. 路径的使用技巧

1）<Ctrl+Alt+Z>：撤销。
2）<Shift>：画直线或 45°的线。
3）<Ctrl>：在绘图路径过程中，按 <Ctrl> 键，可暂时转为"直接选择工具"。
4）<Alt>：在绘图路径过程中，按 <Alt> 键，可暂时转为"转换点工具"。
5）<Ctrl+Enter> 将路径转为选区。
6）<Ctrl+Alt+ +/- >：放大/缩小图像（连同画布一起）。

7. 路径的获得

1）普通选区。执行"路径调板"→"从选区生成工作路径"命令，使用选区创建工具获得。
2）文字选区。
方法一：文字栅格化后，转化为选区。
方法二：执行"图层"→"文字"→"建立工作路径"命令。
　　　　执行"图层"→"文字"→"转化为形状"命令。
3）使用形状工具。选择形状工具，在工具属性中选为路径。
4）使用钢笔工具组。

8. 路径描边

路径描边如图 3-16 所示。
1）创建好路径。
2）设置前景色、画笔的笔头形状和大小。
3）单击"路径"调板中的"用画笔描边路径"按钮。

图 3-16

9. 特殊形状的选区

选中路径，在路径调板中执行"将路径作为选区载入"命令。

10. 填充路径

选择要填充的路径图层，在路径调板命令中选择"用前景色填充路径"。

二、掌握路径文字的应用

下面介绍文字路径的排列和文字在封闭路径内的使用方法。

1. 文字沿路径排列

1）使用钢笔工具或自由钢笔工具，以路径方式画一条开放的路径。

2)将文字工具光标放到路径上,在需要开始输入文字的地方单击。

3)单击"√"提交文本,或切换到其他工具提交文本。

注意:文字的起点是与路径垂直的线;文字的终点是路径终点的小圆圈(小圆圈中显示"+"号,代表有文字隐藏。注意英文以单词为单位隐藏或显示,不可能显示半个单词)。

4)使用路径选择工具和直接选择工具移动文字的起点和终点,这样可以改变文字在路径上的排列位置,使用普通的移动工具移动整段文字。

5)删除最初绘制的路径,也不会改变文字的形态,文字与原先绘制的路径已经没有关系了(在路径面板选择文字路径,然后进行调节)。

2. 文字置于封闭路径内

1)使用钢笔工具或自由钢笔工具,以路径方式画一条封闭的路径。

2)将文字工具光标放到路径内单击。

3)单击"√"提交文本,或切换到其他工具提交文本,如图 3-17 所示。

注意:删除最初绘制的路径,也不会改变文字的形态,文字与原先绘制的路径已经没有关系了。

若更改文字形状,在路径面板选择文字路径,然后再调节。

图 3-17

三、路径操作实践

下面介绍路径描点的操作,路径工具的使用方法,以及路径的其他属性。

1. 路径锚点操作

添加锚点工具、删除锚点工具、转换点工具、路径选择工具和直接选择工具进行路径的调整如图 3-18 和图 3-19 所示。

图 3-18

(1)**添加锚点工具** 用于在路径线段内部添加锚点,如图 3-20 所示。在工具箱中单击添加锚点工具或钢笔工具、自由钢笔工具时,只要把鼠标指针移动到路径线段上的非端点处,然后单击即可添加一个新的锚点,从而把一条路径线段一分为二。

图 3-19

(2)**删除锚点工具** 用于删除路径中部需要的锚点,如图 3-21 所示。在工具箱中单击删除锚点工具或钢笔工具、自由钢笔工具时,只要把鼠标指针移动到路径线段上的某一个锚点时,然后单击即可删除该锚点,原来与之相邻的两个锚点将连接成一个新的路径线段,如图 3-22 所示。

图 3-20

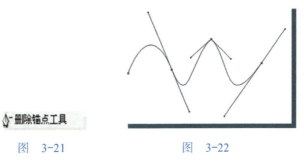

图 3-21　　　　图 3-22

(3)**转换点工具** 用于平滑点与角点之间的转换,从而实现平滑曲线与锐角曲线或支线段间的转换,可实现角点与平滑点间的切换。

1)角点转平滑点:单击并拖曳要转换的节点。

2)平滑点转角点:单击并拖曳要转换的节点中的方向点。

3)平滑点或角点转直角点:单击要转换的节点,此时的直角点没有控制手柄。

> 技巧
>
> 在绘制路径时，按 <Alt> 键可以强制转换成临时的转换点工具。

2. 路径工具的操作

路径组选择工具包括路径选择工具和直接选择工具，如图 3-23 所示。使用路径选择工具可以选择一条路径或多条路径，还可以移动整条路径。直接选择工具主要用于对现有路径的选取和调整。

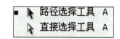

图 3-23

按 <Shift> 键，然后单击要选取的锚点，可以逐个选取锚点或附加选取锚点。

按 <Ctrl> 键当光标变化后，单击路径上的任何地方就选取了整个连续路径。

按 <Ctrl> 键单击路径以外的区域，按一次 <ESC> 键，结束正在绘制的路径，隐藏路径上的节点和方向线。

按 <Enter> 键，再按两次 <ESC> 键，按 <Ctrl+H> 组合键，隐藏整条路径。

（1）**直接选择工具** 可选中并移动当前的节点，调节当前的控制手柄，激活当前的路径，或结束当前路径。

（2）**路径选择工具** 用来选择一个或多个路径并对其进行移动、组合、对齐、分布和变形等操作。

（3）**路径运算**

添加到路径：可向现有路径中添加由新路径定义的路径。

从路径减去：可从现有路径中删除新路径与原有路径的交叉路径。

交叉路径：生成新区域，被定义为新路径与现有路径的交叉路径。

重叠路径区域除外按钮：生成的新路径与现有路径的非重叠路径。

（4）**组合路径**

条件：当在一个工作路径层中时，如果有两个以上路径时，便可将它们以不同的方式进行组合。

方法：使用"路径选择工具"选择一条路径，然后选择一种路径组合方式，单击"组合"按钮即可。

（5）**对齐与分布路径**

1）当工作路径层上有 2 个路径时，可按 <Shift> 键将它们选中，即可进行对齐操作。

2）当工作路径层上有 3 个或 3 个以上路径时，即可进行分布操作。

> 提醒
>
> 不同路径层中的路径无法同时进行对齐或分布。

> 技巧
>
> 在路径的绘制过程中按 <ESC> 键放弃对当前路径的选定。
>
> 在路径的绘制过程中按 <DEL> 键或 <Backspace> 键将删除上次的节点，如果按两次将删除整条路径，按第三次将删除屏幕所显示的全部路径。
>
> 按 <Shift> 键则可绘制出水平、垂直、45°的直线型路径。
>
> 在使用"钢笔工具"的时候，按 <Ctrl> 键可临时转换为"直接选择工具"；按 <Alt> 键可临时转换为"转换点工具"。

3. 路径的其他属性

路径的其他属性如图 3-24 所示。

（1）**创建形状图层命令** 创建形状图层命令是带有路径填充的命令，单击该按钮可以产生形状图层，自动创建图层，填充颜色，不想使用该图层可以栅格化图层，转成普通图层，使用该命令的属性栏会发生变化，如图 3-25 所示。

图 3-24

1）链接图层样式 ：是否链接图层样式，如图 3-26 所示。图层样式链接图如图 3-27 所示。

图 3-25　　　图 3-26　　　　　　　　　　图 3-27

2）填充颜色 ：不使用图层样式时，在路径中填充的颜色，如图 3-28 所示。

（2）**创建工作路径命令** 使用该命令可以创建一个新的路径，可以对路径进行其他操作。如图 3-29 所示。

（3）**填充像素命令** 可以设置颜色的不透明度等，如图 3-30 所示。

图 3-28　　　　　　　　图 3-29　　　　　　　　图 3-30

（4）**路径的选项** 所有路径命令的集合，可以根据不同的情况选择不同的工具及属性，不同的工具可以在右边的小三角（下拉菜单）里面设置其属性。

> **总结与拓展**
>
> 本节内容主要介绍了路径和路径文字相关知识及其使用方法，请自行练习，加深对知识点的掌握程度。

任务1　琥珀图标制作

扫一扫
查看操作视频

本任务主要学习制作琥珀图标，讲述其基本概要和制作思路，通过具体的制作过程掌握相关基础知识，了解和掌握图层样式里各项参数的设置及其使用技巧。

●●● 任务分析

本任务主要运用了图层样式、路径等相关知识，配合"钢笔"工具 和"魔术棒"工具 来完成制作。本任务最终效果如图 3-31 和图 3-32 所示。

图 3-31　　　　图 3-32

任务实施

1）打开图标素材图片，使用魔术棒工具，选中图标背景，按 <Backspace> 键删除白色背景，新建一个图层，放置到图标层的下面，填充白色，如图 3-33 和图 3-34 所示。

图 3-33　　　　　　　　　　　图 3-34

2）单击图层样式，选择投影，分别调整不透明度为 75%，角度设置为 120 度，距离为 28 像素，扩展为 17%，大小为 54 像素，如图 3-35 和图 3-36 所示。

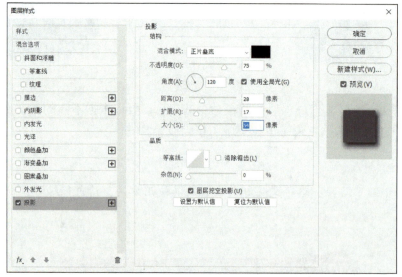

图 3-35

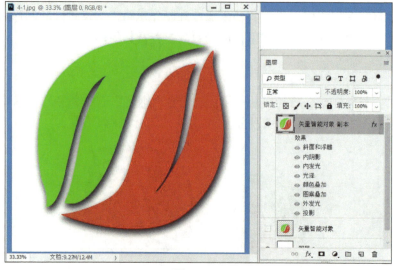

图 3-36

3）选择内阴影，分别调整不透明度为 75%，角度设置为 120 度，距离为 28 像素，阻塞为 38%，大小为 112 像素，如图 3-37 和图 3-38 所示。

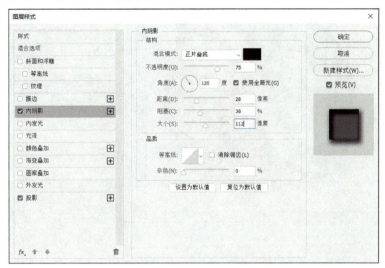

图　3-37

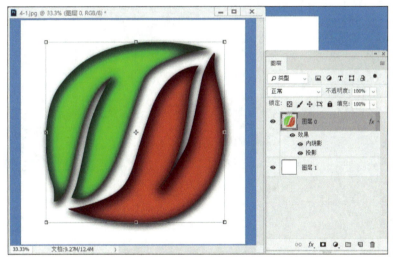

图　3-38

4）选择外发光，分别调整不透明度为 41%，发光颜色设置为翠绿色，扩展为 36%，大小为 18 像素，如图 3-39 和图 3-40 所示。

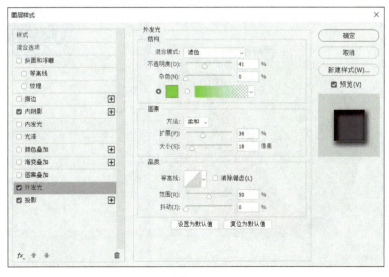

图　3-39

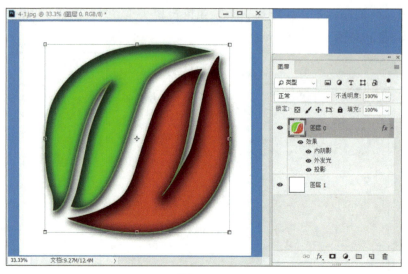

图 3-40

5）选择内发光，分别调整混合模式为正片叠底，不透明度为52%，发光颜色设置为蓝色，阻塞为20%，大小为70像素，如图3-41和图3-42所示。

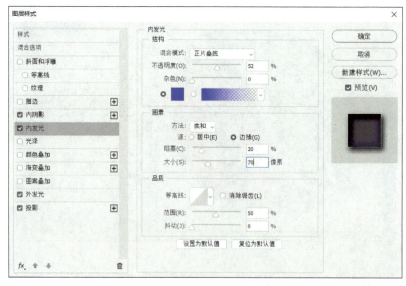

图 3-41

图 3-42

6)选择斜面和浮雕,同时勾选等高线,分别调整深度为337%,大小为62像素,软化为6像素,角度为120度,高度为70度,不透明度为75%,阴影模式为颜色加深,不透明度为19%。设置等高线范围为50%,如图3-43~图3-45所示。

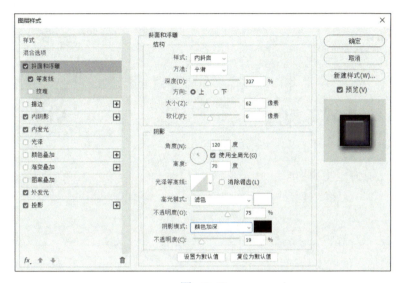

图 3-43

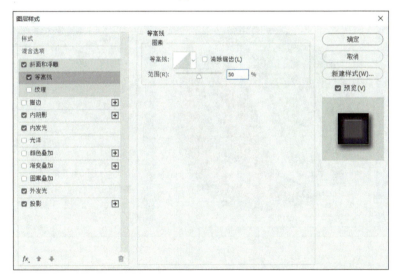

图 3-44

图 3-45

7）选择光泽，混合模式为叠加，颜色设置为深棕色，不透明度为100%，角度为110度，距离为11像素，大小为10像素，如图3-46和图3-47所示。

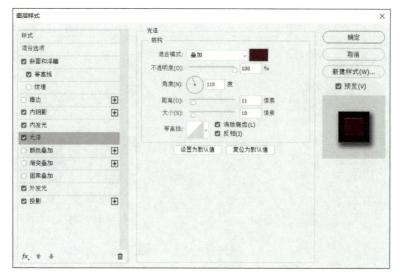

图 3-46

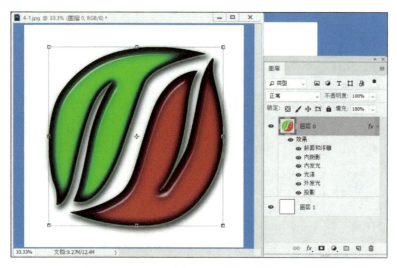

图 3-47

8）选择颜色叠加，混合模式为叠加，颜色设置为黄色，不透明度为100%，如图3-48和图3-49所示。

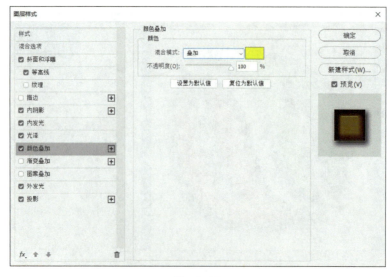

图 3-48

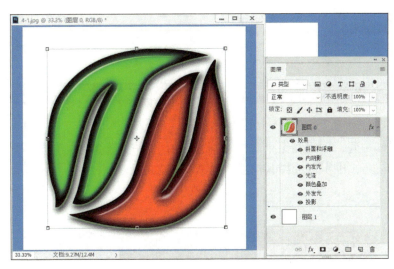

图 3-49

9)选择图案叠加,混合模式为正常,不透明度为100%,选择图案为红色矿石,缩放设置为796%,如图3-50～图3-52所示。

10)最后调整画面,最终效果如图3-53所示。

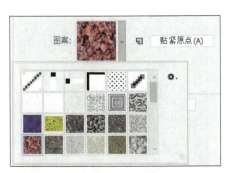

图 3-50

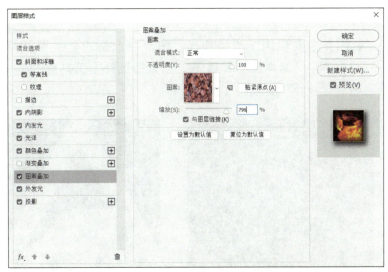

图 3-51

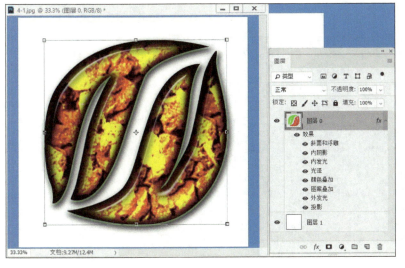

图 3-52

图 3-53

任务评价与拓展

● 评分标准

灵活应用工具的能力（30%）	再现画面的能力（30%）	艺术表现（20%）	质量与熟练度（20%）

把本任务重新制作一遍，回忆和记录制作流程，复习已学过的命令、菜单、面板、组合键等知识，熟练掌握制作方法和技巧，也可以选择其他适合的素材图片进行拓展练习，巩固所学知识。

任务2　攀岩人物形象制作

本任务主要学习制作有文字背景的攀岩人物形象，讲述其基本概要和制作思路，通过具体的制作过程掌握相关基础知识，了解和掌握图层样式、图层混合模式、路径等的使用技巧。

● 任务分析

本任务主要运用了图层样式、图层混合模式、路径等相关知识，配合"钢笔"工具、"画笔"工具、"魔术棒"工具、"直接选择"工具等，来完成任务的制作。本任务最终效果如图3-54～图3-57所示。

图 3-54

图 3-55　　　　　　　　　　图 3-56

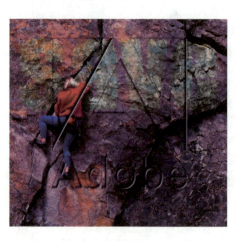

图 3-57

任务实施

1）打开人物攀岩图片，如图 3-58 所示。

2）按 <Ctrl+C> 和 <Ctrl+V> 组合键复制并粘贴图层，使用"钢笔工具"，把攀岩人物抠取出来，获得人物路径，如图 3-59～图 3-61 所示。

图 3-58

图 3-59

图 3-60

图 3-61

3）激活攀岩人物路径，执行"选择"→"修改"→"平滑"命令，如图 3-62 和图 3-63 所示。

图 3-62

图 3-63

4）然后调整攀岩人物边缘，按 <Ctrl+C> 和 <Ctrl+V> 组合键将其复制到新图层里，关闭"背景"和"背景拷贝"两个图层的"眼睛"图标，如图 3-64 和图 3-65 所示。

图 3-64

图 3-65

5)打开文字文件,使用"魔术棒"工具,如图 3-66 和图 3-67 所示。

6)执行"选择"→"反选"命令,选择文字,如图 3-68 和图 3-69 所示。

图 3-66　　　　　图 3-67　　　　　图 3-68　　　　　图 3-69

7)按 <Ctrl+C> 和 <Ctrl+V> 组合键,复制文字到攀岩人物文件里。按 <Ctrl+T> 组合键执行自由变换命令,放大文字到合适大小,如图 3-70 所示。

8)选择路径面板,去除黑色文字颜色,储存文字路径,双击"工作路径"转为"路径",如图 3-71 ~图 3-73 所示。

图 3-70　　　　　图 3-71　　　　　图 3-72　　　　　图 3-73

9)激活文字路径,返回"背景 拷贝"图层,单击"添加图层样式按钮",选择"混合选项",弹出"混合选项"对话框,如图 3-74 ~图 3-76 所示。

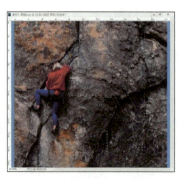

图 3-74　　　　　图 3-75

图 3-76

10）在"图层样式"里选择"内阴影"并调整每一项参数，再选择"斜面和浮雕"并调整每一项参数，得到文字浮雕效果，如图 3-77～图 3-79 所示。

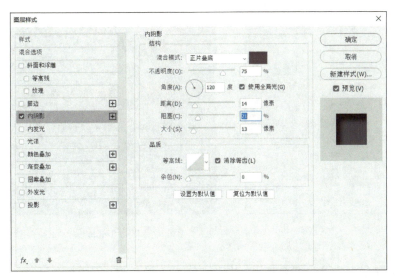

图 3-77

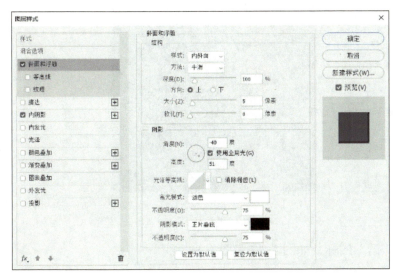

图 3-78

图 3-79

11）打开"save"素材，激活图层，按<Ctrl+C>和<Ctrl+V>组合键复制"save"素材到攀岩人物文件里，如图 3-80～图 3-82 所示。

图 3-80　　　　　　　图 3-81　　　　　　　图 3-82

12）调整图层的不透明度为 50%，如图 3-83 和图 3-84 所示。

图 3-83　　　　　　　　　　图 3-84

13）调整"图层混合模式"为"叠加"，如图 3-85 和图 3-86 所示。

图 3-85　　　　　　　　　　图 3-86

14）打开"攀岩人物"图层的"眼睛"图标，如图 3-87 和图 3-88 所示。

15）最后调整画面，最终效果如图 3-89 所示。

图 3-87
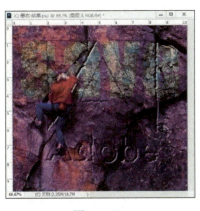
图 3-88
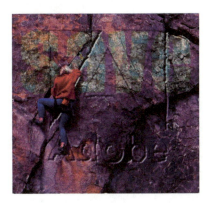
图 3-89

••• 任务评价与拓展

• 评分标准

灵活应用工具的能力（30%）	再现画面的能力（30%）	艺术表现（20%）	质量与熟练度（20%）

把本任务重新制作一遍，回忆和记录制作流程，复习已学过的命令、菜单、面板、组合键等知识，熟练掌握制作方法和技巧，也可以选择其他适合的素材图片进行拓展练习，巩固所学知识。

项目小结

通过本项目的学习，了解了 Photoshop 图层、路径、图层样式的基础知识和基本原理，掌握了 Photoshop 图层、路径、图层样式的使用技巧，掌握了琥珀图标制作任务的制作思路和制作流程，掌握了攀岩人物形象制作任务的制作思路和制作流程。

Project 4

特效人物广告制作

学习目标

★ 了解Photoshop中图层蒙版、通道蒙版、矢量蒙版等相关知识以及基本应用

★ 了解Photoshop中滤镜的相关知识以及基本应用

★ 熟练掌握风景人物海报制作任务的制作思路和制作流程

必备知识　蒙版与滤镜的应用

本节内容主要学习蒙版和滤镜的基础知识和基本原理，了解和掌握图层蒙版、通道蒙版、矢量蒙版以及滤镜的使用方法。

一、蒙版的应用

下面介绍蒙版的概念和蒙版的分类。

1. 蒙版的概念

蒙版可以将图层中的一部分区域隐藏起来，一部分区域显露出来。当基于一个选区创建蒙版时，没有选中的区域成为被蒙版蒙住的区域，也就是保护区域，可以防止被编辑或修改。蒙版可以用于实现特殊的图像编辑效果，也可以用于建立选区。

2. 蒙版的分类

（1）图层类蒙版　图层类蒙版实质上就是一个图层。作为蒙版的图层根据本身的不透明度控制其他图层的显隐。从广义的角度来讲，任何一个图层都可以视为其下所有图层的蒙版，该图层的不透明度将直接影响其下图层的显隐。只不过在 Photoshop 中并没有将这种情形以"蒙版"命名。

剪贴蒙版也属于图层类蒙版，是将某一图层作为基底图层，并通过该图层像素的不透明度控制剪贴图层组内所有图层的显隐。这类蒙版的一个显著特点是：作为蒙版的图层位于所有被遮挡图层的最下面，而不是最上面。

（2）通道类蒙版　通道类蒙版就是一个通道，更准确地讲，就是通道中的灰度图。这幅灰度图不能独立存在，必须依附于通道载体。图层蒙版是通道类蒙版的典型应用，其目的在于控制某一图层的显隐。

当为某一图层增加图层蒙版后，会在相应图层的后面增加一个标识，但这个标识并不是图层蒙版本身，真正的图层蒙版其实是一个通道，是通道中的一幅灰度图。因此，只有打开通道调板，才能看到图层蒙版。如果在通道调板中删除这一通道，图层中原来的蒙版标识符也随之消失。

需要特别指出的是，通道类蒙版中的应用，其实都是基于灰度图中的一种关键信息——灰阶。用于遮挡时，蒙版灰阶值越大，目标图层显现的程度越大，即目标图层的不透明度越大；反之，蒙版灰阶值越低，目标图层显现的程度越低，即目标图层的不透明度越小。

（3）矢量蒙版　矢量蒙版是用路径来控制目标图层的显隐的。封闭区域内对应的目标图层将被显示，封闭区域外对应的目标图层将被隐藏。对于一些复杂交叉的路径，可参照奇偶缠绕的规则判断某一区域是否属于被封闭的区域。

与通道类蒙版类似，当为某一图层增加矢量蒙版后，在相应图层的后面也会增加一个矢量蒙版标识符，但这并不是矢量蒙版本身，需在路径调板中查看真正的矢量蒙版。

二、图层蒙版的应用

下面介绍图层蒙版的概念、图层蒙版的使用、矢量蒙版的定义、矢量蒙版的制作以及实例操作。

1. 图层蒙版的概念

图层蒙版实际上是建立在一个图层上的遮罩，它将图层中的某部分隐藏起来，让下一层图像透视过来，当需要恢复图层已经隐藏的部分时，只需在该图层的蒙版中将这部分擦除即可。简单的图层蒙版以黑白二色表示，白色部分表示该图层的这部分将显露出来，黑色部分表示该图层的这部分将被隐藏。

2. 图层蒙版的使用

（1）图层蒙版中的黑白二色　如果在图层蒙版中只使用黑白二色，则图层蒙版只是应用了它最简单的一部分。其实蒙版就是一个 Alpha 通道，它具有 256 级灰度，可以在蒙版中设定任何一级灰度。灰度级越高，表示应用蒙版的图层中被隐藏的像素越多；灰度级越低，表示应用蒙版的图层中被隐藏的像素越少。

如果在蒙版中使用黑白渐变，则二层图像将在蒙版黑白渐变处形成图像渐变交替区域，二层图像的过渡会非常自然。

（2）**图层蒙版的建立方式一**　在图层调板中选择要建立蒙版的图层，单击添加图层蒙版按钮，则在当前图层的右侧出现一个蒙版标志（如果当前有选区存在，则蒙版按选区来建立）。在图层面板中，蒙版图标与当前图层的缩略图之间有一个图层链接标志，表明蒙版与图层之间存在着链接关系，当使用移动工具或变形工具来对图层或蒙版操作时，其锁定图层也将同时变换。图层与蒙版之间的锁定设定是可以解除的，单击链接标志，就可以解除链接关系，蒙版和图层都可以独立变换。

（3）**图层蒙版的建立方式二**　可以通过菜单方式建立图层蒙版。选择要建立蒙版的图层为当前图层，执行"图层"→"添加图层蒙版"命令，即可以在当前图层上建立蒙版，其中显示的部分在蒙版通道中将呈白色，而隐藏的部分呈黑色。注意，背景图层是不能建立蒙版的。

（4）**隐藏图层蒙版**　在图层调板上选择图层蒙版，按住 <Shift> 键单击图层蒙版。蒙版图标中将出现红色的"×"符号，表示此时蒙版暂时隐藏，不应用于图层上。再次单击蒙版，即恢复为正常的蒙版应用状态。

（5）**图层蒙版的删除**　在图层面板上选择蒙版，然后单击图层面板下的删除图层按钮，在弹出的对话框中选择"应用后删除"或"不应用直接删除"。也可以执行"图层"→"移去图层蒙版"命令，选择"扔掉"或"应用"。

3. 矢量蒙版的定义

矢量蒙版是基于路径而形成的蒙版。图层蒙版是像素信息，矢量蒙版是由路径构成的，因而也称为图层剪切路径。其作用与图层蒙版相似，唯一不同点是：图层蒙版可以形成半透明的灰色，而矢量蒙版只能形成具有光滑边缘的路径剪贴蒙版。

4. 矢量蒙版的制作

制作矢量蒙版的方式如下：

1）先在图像中制作一个闭合的路径，选择要应用图层剪贴路径的图层为当前图层。执行"图层"→"添加矢量蒙版"→"当前路径"命令。

2）选择要应用图层剪贴路径的图层为当前图层，执行"图层"→"添加矢量蒙版"→"显示全部"命令，在图像中制作一个闭合的路径。可在图像中以当前路径形状框取图形。

注意：不能在背景图层建立矢量蒙版。如果想看到与背景图层相同图像内容的图层上的矢量蒙版效果，需隐藏或取消背景图层。

如果需要编辑图层剪贴路径，需在图层面板中选择矢量蒙版。矢量蒙版可以被转换为图层蒙版，这要用到图层菜单中的栅格化命令。

5. 实例操作

1）打开素材，如图 4-1 和图 4-2 所示。

图　4-1

图　4-2

2）提取小孩图像并将其水平翻转，执行"图像"→"变换"→"水平翻转"命令，向左扩充画布，如图 4-3 和图 4-4 所示。

图　4-3　　　　　　　　　　　　　　　图　4-4

3）提取计算机图像并复制，至于图层 1 下。选择图层 1（反向小孩），建立蒙版。编辑蒙版，合成图像，如图 4-5 所示。

图　4-5

> **总结与拓展**
>
> 　　本节内容是介绍蒙版的相关知识，请自行练习，加深对知识点的掌握程度。

三、滤镜的应用

下面介绍滤镜的相关知识、各种滤镜效果解析以及各类滤镜组的使用方法。

1. 相关知识

（1）**滤镜概述**　所有滤镜都是增效工具，作用是帮助用户制作图像的各种特效。大多数滤镜不能在灰色模式、索引模式及双色通道模式中使用，并且有些滤镜只适用于 RGB 颜色模式，因此如果某个滤镜不可用，可以将图像转换成 RGB 模式再应用滤镜。

（2）**滤镜的使用**　选择要执行滤镜的图层，选择"滤镜"菜单，再选择滤镜，调整参数即可。

（3）**滤镜库**　滤镜面板及滤镜库中的滤镜如图 4-6 和图 4-7 所示。

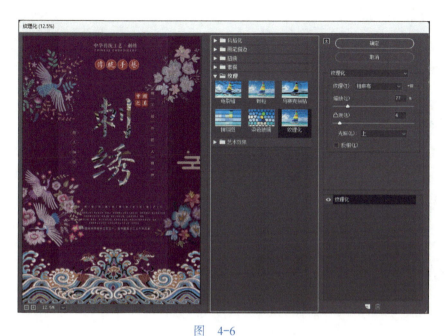

图 4-6

- ❖ 抽出滤镜
- ❖ 液化滤镜
- ❖ 消失点滤镜
- ❖ 图案生成器滤镜
- ❖ 像素化滤镜组
- ❖ 扭曲滤镜组
- ❖ 杂色滤镜组
- ❖ 模糊滤镜组
- ❖ 渲染滤镜组
- ❖ 画笔描边滤镜组
- ❖ 素描滤镜组
- ❖ 纹理滤镜组
- ❖ 艺术效果滤镜组
- ❖ 视频滤镜组
- ❖ 风格化滤镜组
- ❖ 其他滤镜组
- ❖ 数字水印滤镜组

图 4-7

2. 抽出滤镜

抽出滤镜的作用是选择图像，主要适用于对象边缘细微、复杂或者无法确定（如火焰）的情况，使用抽出滤镜不需要太多操作就可以将图像从背景中剪切出来，并且自动清除背景，变成透明像素，如图 4-8 和图 4-9 所示。

图 4-8

图 4-9

3. 液化滤镜

液化滤镜可以使图像局部产生变形、旋转扭曲、扩展、收缩等效果。液化滤镜效果只对 RGB、CMYK、Lab 颜色模式及灰度模式起作用。

向前变形工具：将被涂抹区域内的图像产生向前位移效果。

重建工具：在液化变形后的图像上涂抹，可还原成原图像效果。

顺时针旋转扭曲工具：使被涂抹的图像产生旋转效果。

褶皱工具：使图像产生向内压缩变形效果。

膨胀工具：使图像产生向外膨胀放大的效果。

左推工具：使图像中的像素产生向左位移变形的效果。

镜像工具：使图像产生复制并推挤变形的效果。

湍流工具：使图像产生类似水波纹的变形效果。

冻结工具：在图像中涂抹，可将其中不需要变形的部分保护起来。

解冻工具：排除图像中的冻结部分。

抓手工具：移动放大后的图像。

缩放工具：缩放图像大小。

4. 消失点滤镜

消失点滤镜允许在包含透视平面（如建筑物侧面或任何矩形对象）的图像中进行透视校正编辑，如图 4-10 和图 4-11 所示。

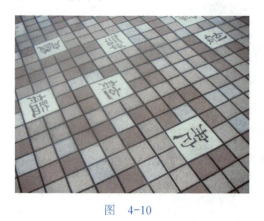
图 4-10

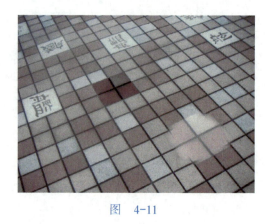
图 4-11

5. 图案生成器滤镜

图案生成器滤镜可以用原有的图像生成各种重复样式的图案，如图 4-12 和图 4-13 所示。

图 4-12

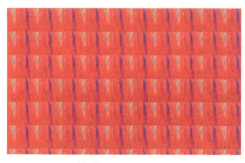
图 4-13

6. 像素化滤镜组

大部分像素化滤镜会将图像转换成平面色块组成的图案，并通过不一样的设置达到截然不同的效果。

（1）**彩块化和碎片** 彩块化滤镜将纯色或相似颜色的像素结块为彩色像素块，使图像产生类似手绘的效果；碎片滤镜可将原图复制 4 份，然后使它们互相偏移，形成一种重影效果。

（2）**彩色半调和晶格化** 彩色半调滤镜模拟在图像的每个通道上使用扩大的半调网屏效果，用小矩形将图像分割，并用圆形图像替换矩形图像，圆形的大小与矩形的亮度成正比；晶格化滤镜将图像中的像素结块为纯色的多边形。

（3）**点状化和铜版雕刻** 点状化滤镜将图像中的颜色分散为随机分布的网点；铜版雕刻滤镜将图像转换为黑白区域的随机图案，或彩色图像的全饱和颜色随机图案。

（4）**马赛克** 马赛克滤镜模拟马赛克拼图的效果，如图 4-14 所示。

图 4-14

7. 扭曲滤镜组

扭曲滤镜组是对图像进行几何变形，创建三维或其他变形效果，包括切变、扩散亮光、挤压和旋转扭曲等。

（1）**切变** 使图像沿设定的曲线进行扭曲。

（2）**扩散亮光** 以工具箱中背景色为基色对图像进行渲染，亮光从图像的中心位置逐渐隐没，如

图 4-15 和图 4-16 所示。

图 4-15　　　　　　　　　　　　　　图 4-16

（3）**挤压**　使选择区域或整个图像产生向内或向外挤压变形的效果，取正值时图像向内收缩，取负值时图像向外膨胀。

（4）**旋转扭曲**　使图像产生一种中心位置比边缘位置扭曲更强烈的效果，取正值时图像以顺时针旋转，取负值时图像以逆时针旋转。

（5）**极坐标**　沿图像坐标轴进行变形。

（6）**水波和波浪**　水波滤镜为产生类似于投石入水的涟漪效果；波浪滤镜可按指定的波长、波幅、类型来扭曲图像。

（7）**波纹和海洋波纹**　波纹滤镜为产生类似于水中的波浪；海洋波纹滤镜模拟随机的水波效果。

（8）**玻璃**　使图像看起来像透过不同纹理观看的效果，如图 4-17 和图 4-18 所示。

图 4-17　　　　　　　　　　　　　　图 4-18

（9）**球面化**　使图像沿球形、圆管的表面凸起或凹下，形成三维效果。

（10）**置换**　使图像的像素可以向不同的方向移位。

（11）**镜头校正**　修复常见的镜头缺陷。

8. 杂色滤镜组

杂色滤镜组中的滤镜可以随机分布像素，添加或减少杂色。

（1）**中间值**　通过混合选区中像素的亮度减少图像中的杂色，该滤镜对于消除或减少图像中的动感效果非常有用。

（2）**减少杂色和添加杂色**　减少杂色滤镜即减少数字图像杂色产生的不自然感，以及扫描图像的胶片颗粒感。添加杂色滤镜则在图像上添加随机像素效果。

（3）**蒙尘与划痕、去斑**　蒙尘与划痕滤镜通过不同的像素来减少杂色，尝试不同的半径和阈值设置组合，可在清晰化图像和隐藏缺陷之间达到平衡；去斑滤镜可保留图像边缘而轻微模糊图像，从而去除较小的杂色。

9. 模糊滤镜组

模糊滤镜组对选择区域或图层的图像执行某个模糊滤镜，通过对图像中线条和阴影区域硬边相邻的像素进行平均化，从而产生平滑的过渡效果。

(1) **动感模糊**　以某种方向和强度来模糊图像，使被模糊的图像产生高速运动的效果。

(2) **平均**　执行平均命令后，系统自动查看图像或选区的平均颜色，然后使用该平均颜色填充图像，如图4-19所示。

(3) **径向模糊**　用于模拟前后移动相机或旋转相机所产生的柔和模糊的效果。

(4) **模糊和进一步模糊**　模糊滤镜用于消除图像中颜色明显变化处的杂色，使图像更加柔和并隐藏图像中的一些缺陷；进一步模糊滤镜产生的效果比模糊滤镜强烈，如图4-20所示。

(5) **特殊模糊**　对图像进行精确模糊，是唯一不模糊图像轮廓的模糊方式。

(6) **镜头模糊**　为图像添加一种带有较窄景深的模糊效果，即图像的某些区域模糊，但其他区域仍然清晰，如图4-21所示。

图 4-19　　　　　　　　　　　　图 4-20　　　　　　　　　　　　图 4-21

(7) **方框模糊和高斯模糊**　方框模糊滤镜基于相邻像素的平均颜色值来模糊图像，半径越大，模糊效果越好；高斯模糊滤镜是利用高斯曲线的分布模式，对照片的远景和近景模糊，以更加突出主体。

(8) **形状模糊**　使用指定的内核来创建模糊，内核越大，模糊效果越好。

(9) **表面模糊**　在保留边缘的同时模糊图像。

10. 渲染滤镜组

渲染滤镜组用于在图像中创建云彩、折射和模拟光线等效果。

(1) **云彩**　使前景色和背景色相融合，随机生成云彩图案。

(2) **光照效果**　模拟灯光、日光照射效果，多用来制作夜晚天空效果和浅浮雕效果，如图4-22所示。

(3) **分层云彩**　使前景色和背景色随机地混合产生云彩图案，再将图像和云彩进行混合并反相，如图4-23所示。

图 4-22　　　　　　　　　　　　　　　　　图 4-23

(4) **镜头光晕**　模拟照相机镜头产生的折射光效果。

(5) **纤维**　可以制作纤维效果，颜色受前景色和背景色影响，如图4-24所示。使用纤维滤镜和光照效果滤镜可以制作树皮纹理效果，如图4-25所示。

图 4-24　　　　　　　　　　　　　　图 4-25

11. 画笔描边滤镜组

画笔描边滤镜组是用不同的画笔和油墨描边，产生绘画的效果。

（1）**喷溅和喷色描边**　喷溅滤镜产生用水在画面上喷溅、浸润的效果；喷色描边滤镜使用带有角度的喷色线条的主色重绘图像，如图 4-26 所示。

（2）**强化的边缘和成角的线条**　强化的边缘滤镜的作用是强化勾勒图像的边缘；成角的线条滤镜使用两种角度的线条来修描图像，如图 4-27 所示。

图 4-26　　　　　　　　　　　　　　图 4-27

（3）**墨水轮廓和深色线条**　墨水轮廓滤镜在原来的细节上使用精细的线条重新绘制图像，形成钢笔油墨画的风格；深色线条滤镜用短而密的线条绘制图像中接近黑色的深色区域，并用长而白的线条绘制图像中较浅的区域，如图 4-28 所示。

（4）**烟灰墨和阴影线**　烟灰墨滤镜类似于用包含黑色墨水的画笔在宣纸上绘画的效果；阴影线滤镜模拟使用铅笔勾画阴影线、添加纹理和粗糙化图像的效果，并且在勾画彩色区域边缘时保留原图的细节特征，如图 4-29 所示。

图 4-28　　　　　　　　　　　　　　图 4-29

12. 素描滤镜组

素描滤镜组用于制作多种艺术绘画的效果。

（1）**便条纸** 使用前景色和背景色在图像中产生一种颗粒状的浮雕效果，可以制作黑白插图或背景图案。

（2）**半调图案** 用于模拟网点或线条的效果，该滤镜产生的图像颜色会受前景色和背景色的影响。

（3）**图章和影印** 图章滤镜使图像简化、突出主题，看起来好像用橡皮和木制图章盖上去一样，该滤镜最好用于黑白图像；影印滤镜模拟图像影印的效果。

（4）**基底凸现和塑料效果** 基底凸现滤镜模拟浮雕在光照下的效果；塑料效果滤镜使图像看上去好像用立体石膏压模而成，使用前景色和背景色上色，图像中较暗的区域突出，较亮的区域下陷。

（5）**撕边和炭笔** 撕边滤镜模拟撕破的纸片效果，适用于高对比度的图像；炭笔滤镜在图像中模拟炭笔涂抹的效果，图像中主要的边缘用粗线绘制，中间色调用对角线绘制，其中炭笔使用前景色，纸张使用背景色。

（6）**水彩画纸** 使图像看起来好像绘制在潮湿的纤维纸上，产生渗透效果。

（7）**炭精笔和绘图笔** 炭精笔滤镜模拟使用炭精笔绘制图像的效果，在暗区使用前景色绘制，在亮区使用背景色绘制；绘图笔滤镜使用精细的具有一定方向的油墨线条重绘图像，该滤镜的油墨线条使用前景色，较亮的区域使用背景色。

（8）**粉笔和炭笔** 模拟粗糙粉笔绘制的灰色背景来重绘图像的高光和中间色调部分，暗调区的图像用黑色对角炭笔线替换。在图像绘制时，炭笔采用前景色，粉笔采用背景色。

（9）**网状和铬黄渐变** 网状滤镜模拟胶片感光乳剂的受控收缩和扭曲效果，使图像的暗色调区域好像被结块，高光区域好像被颗粒化一样；铬黄渐变滤镜使图像看起来好像被磨光的铬的表面，在反射表面中，高光点为亮点，暗调为暗点。

13. 纹理滤镜组

纹理滤镜组为图像添加各种纹理，造成深度感和材质感。

（1）**喷溅和喷色描边** 喷溅滤镜产生用水在画面上喷溅、浸润的效果；喷色描边滤镜使用带有角度的喷色线条的主色重绘图像。

（2）**强化的边缘和成角的线条** 强化的边缘滤镜的作用是强化勾勒图像的边缘；成角的线条滤镜使用两种角度的线条来修描图像。

（3）**墨水轮廓和深色线条** 墨水轮廓滤镜在原来的细节上使用精细的线条重新绘制图像，形成钢笔油墨画的风格；深色线条滤镜用短而密的线条绘制图像中接近黑色的深色区域，并用长而白的线条绘制图像中较浅的区域。

14. 艺术效果滤镜组

艺术效果滤镜组用于产生各种绘画风格的效果。

（1）**塑料包装和壁画** 塑料包装滤镜效果应用后，图像好像被闪亮的塑料纸包起来，表面细节很突出；壁画滤镜使用短、圆和潦草的斑点产生粗糙的绘画风格。

（2）**干画笔和底纹效果** 干画笔滤镜模拟使用干画笔绘制图像边缘的效果；底纹效果滤镜模拟在带纹理的底图上绘画的效果。

（3）**彩色铅笔和木刻** 彩色铅笔滤镜模拟彩色铅笔在纯色背景上绘画的效果；木刻滤镜产生彩色剪纸的图像效果。

（4）**水彩和海报边缘** 水彩滤镜主要用来模拟水彩画的风格；海报边缘滤镜根据设置的海报化参数，减少图像中的颜色数目，查找图像边缘并在上面绘制黑线。

（5）**海绵和涂抹棒** 海绵滤镜模拟海绵在图像上画过的效果，使图像带有强烈的对比纹理；涂抹棒滤镜使用短的对角线涂抹图像较暗的区域来柔和图像，可增加图像的对比度。

（6）**粗糙蜡笔和绘画涂抹** 粗糙蜡笔滤镜模拟彩色粉笔在纹理背景上描边的效果；绘画涂抹滤镜模拟使用各种画笔涂抹的效果。

（7）**胶片颗粒和刻刀** 胶片颗粒滤镜使图像产生胶片颗粒的效果；刻刀滤镜使图像中的细节减

少，产生薄画布的效果，并露出下面的纹理。

（8）霓虹灯光　霓虹灯光滤镜模拟霓虹灯光效果。

15. 实践操作

上面讲解的部分滤镜实践操作如下。

1）彩色半调和晶格化如图 4-30～图 4-37 所示。

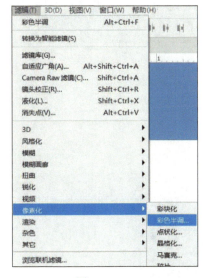

图　4-30

图　4-31

图　4-32

图　4-33

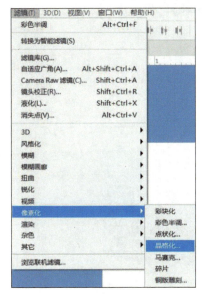

图　4-34

图　4-35

图 4-36　　　　　　　　　　　　　图 4-37

2）点状化和铜版雕刻如图 4-38～图 4-44 所示。

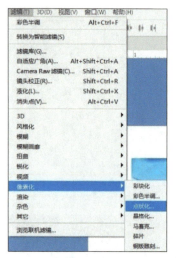
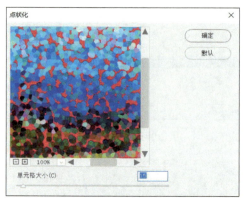

图 4-38　　　　　　　　　　　　　图 4-39

图 4-40　　　　　　　　　　　　　图 4-41

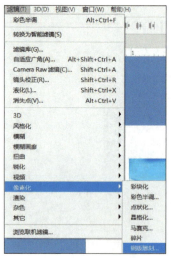
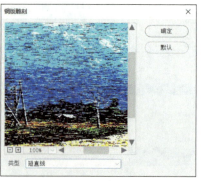

图 4-42　　　　　　　　　　　　　图 4-43

图 4-44

3）马赛克如图 4-45 ～图 4-48 所示。

图 4-45

图 4-46

图 4-47

图 4-48

4）切变如图 4-49 ～图 4-52 所示。

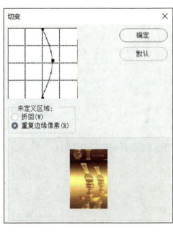

图 4-49　　　　　　　　　　　　图 4-50

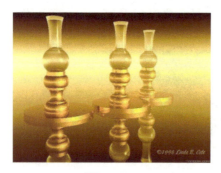 

图 4-51　　　　　　　　　　　图 4-52

5）挤压如图 4-53～图 4-56 所示。

图 4-53　　　　　　　　　　　图 4-54

图 4-55　　　　　　　　　　　图 4-56

6）旋转扭曲如图 4-57～图 4-61 所示。

图 4-57　　　　　　　　　　　图 4-58

图 4-59

图 4-60

图 4-61

7）极坐标如图 4-62～图 4-66 所示。

图 4-62

图 4-63

图 4-64

图 4-65

图 4-66

8）水波如图 4-67～图 4-70 所示。

图 4-67

图 4-68

图 4-69

图 4-70

9）波纹和海洋波纹如图 4-71～图 4-77 所示。

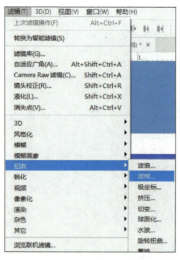

图 4-71

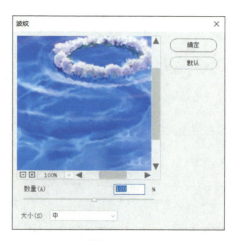

图 4-72

图 4-73

图 4-74

图 4-75

图 4-76

图 4-77

10）球面化如图 4-78 ～图 4-81 所示。

图 4-78

图 4-79

图 4-80

图 4-81

11）方框模糊和高斯模糊如图 4-82～图 4-92 所示。

图 4-82

图 4-83

图 4-84

图 4-85

图 4-86

图 4-87

图 4-88

图 4-89

图 4-90

图 4-91

图 4-92

12）表面模糊如图 4-93～图 4-96 所示。

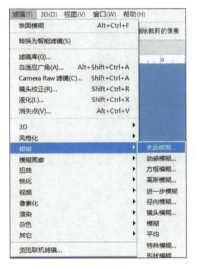

图 4-93

图 4-94

图 4-95

图 4-96

13）分层云彩如图 4-97～图 4-99 所示。

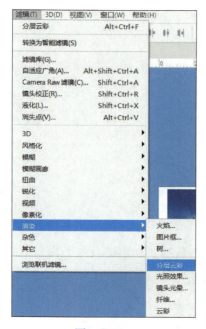

图 4-97　　　　　　　　　图 4-98　　　　　　　　　图 4-99

14）纤维如图 4-100～图 4-103 所示。

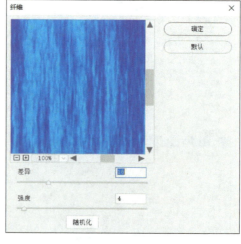

图 4-100　　　　　　　　　　　　　图 4-101

图 4-102　　　　　　　　　图 4-103

项目4 特效人物广告制作

> **总结与拓展**
>
> 本节内容主要介绍了滤镜及其使用的相关知识,请自行练习,加深对知识点的掌握程度。

任务 风景人物海报制作

扫一扫
查看操作视频

任务分析

本任务主要运用图像调整去色、图层混合模式、颜色渐变、图层蒙版、调整图层、路径等相关知识,配合"钢笔"工具 、"直接选择"工具 、"画笔"工具 、"橡皮"工具 等,来完成任务的制作。本任务最终效果如图 4-104 ~图 4-106 所示。

图 4-104　　　　　　　图 4-105　　　　　　　图 4-106

任务实施

1)使用钢笔工具细心地描绘出人物形象的轮廓,如图 4-107 所示。

图 4-107

2)大致按照头发和面部的轮廓进行选取,如图4-108和图4-109所示。

图 4-108

图 4-109

3)按人物形象描绘出完整的路径。执行"选择"→"修改"→"羽化"命令,设置羽化半径为5像素,如图4-110和图4-111所示。

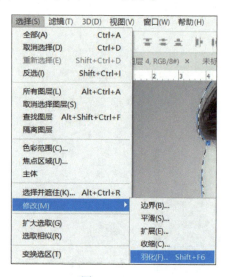
图 4-110

图 4-111

4)执行"选择"→"修改"→"边界"命令,设置边界选区宽度为2像素,如图4-112和图4-113所示。

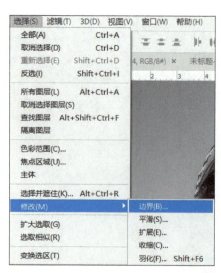
图 4-112

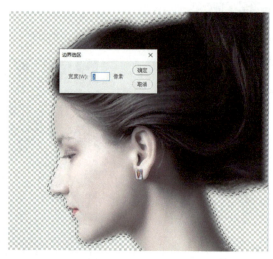
图 4-113

5)选择的边缘区域的延伸也会带入脸部轮廓周围的背景。用橡皮擦把脸部轮廓周围多余的部分去掉,保持边缘区域干净,如图4-114和图4-115所示。

6)使用笔刷,调整笔刷大小,然后画出周围没有被选中的头发,如图4-116所示。

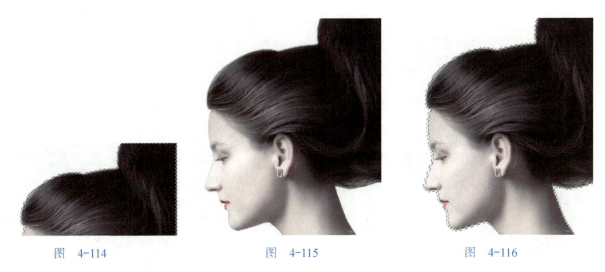

图 4-114　　　　　　　　　　图 4-115　　　　　　　　　　图 4-116

7）打开背景图像，按 <Ctrl+C> 和 <Ctrl+V> 组合键，将它复制并粘贴到人物形象文件中。然后激活人物形象图层，将去底人物形象的路径载入选区，然后单击"添加图层蒙版"图标，裁剪出背景肖像的轮廓，如图 4-117 和图 4-118 所示。

图 4-117　　　　　　　　　　　　　　　　图 4-118

8）单击图层面板中缩略图间的链接图标，从遮罩中取消链接图像。这时可以直接从遮罩中移动和缩放图像，如图 4-119 和图 4-120 所示。

图 4-119　　　　　　　　　　　　　　　　图 4-120

9）复制肖像，并将其拖动到所有图层的顶部。执行"图像"→"调整"→"色阶"命令，然后通过移动滑块的输入和输出水平调整图像的明暗，如图 4-121 所示。

10）将肖像图层的混合模式改为滤色，调整较暗区域的透明度，如图 4-122 所示。

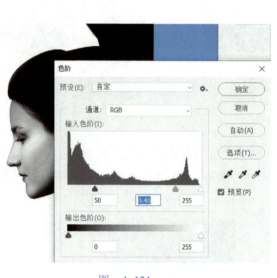
图 4-121

图 4-122

11）添加一个图层蒙版，使用笔刷绘制区域。在使用黑色绘制时，会擦去这些区域，使用白色绘制时，这些区域会恢复，如图 4-123 所示。

12）从图像中获取光线的颜色，然后将得到的颜色填充到白色背景的图层中，如图 4-124 所示。

13）新建图层，使用软毛笔刷，使用背景色绘制，如图 4-125 所示的效果。

图 4-123

图 4-124

图 4-125

14）添加一个黑色和白色调整图层，设置不透明度为 30%，减淡图像的颜色，如图 4-126 所示。

15）添加一个色阶调整图层，如图 4-127 所示。

16）添加渐变映射，如图 4-128 所示。

17）调整画面，最终效果如图 4-129 所示。

图 4-126

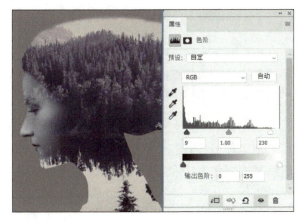
图 4-127

图 4-128

图 4-129

任务评价与拓展

评分标准

灵活应用工具的能力（30%）	再现画面的能力（30%）	艺术表现（20%）	质量与熟练度（20%）

把本任务重新制作一遍，回忆和记录制作流程，复习已学过的命令、菜单、面板、组合键等知识，熟练掌握制作方法和技巧，也可以选择其他适合的素材图片进行拓展练习，巩固所学知识。

项目小结

通过本项目的学习，了解 Photoshop 中图层蒙版、通道蒙版、矢量蒙版等相关知识以及基本应用，了解 Photoshop 中滤镜的相关知识以及基本应用，熟练掌握风景人物海报制作人物的制作思路和制作流程。

Project 5

图像色彩调色与修饰

学习目标

★ 了解Photoshop中调色工具的相关知识以及基本应用

★ 了解Camera Raw的相关知识以及基本应用

★ 熟练掌握调出人物清透水润感彩妆效果任务的制作思路和制作流程

★ 熟练掌握风景图片的调整与修饰任务的制作思路和制作流程

必备知识 调色工具的应用

本节内容主要学习调色工具（如可选颜色、曲线、色彩平衡、色相/饱和度、色阶、通道混合器、渐变映射、信息面板、拾色器等）的基础知识和基本原理，了解和掌握各类调色工具的使用方法。

一、调色工具

下面介绍调色工具的相关知识、可选颜色、调色原理等内容。

1. 相关知识

（1）**调色工具的作用**　将图像中特定的色调加以改变，形成不同感觉的另一色调图像。

（2）**调色工具的类型**　包含可选颜色、曲线、色彩平衡、色相/饱和度、色阶、通道混合器、渐变映射、信息面板、拾色器等。

2. 可选颜色

图 5-1 所示为"可选颜色"对话框，在"颜色"下拉菜单中有红色、黄色、绿色、青色、蓝色、洋红、白色、中性色、黑色 9 个选项，在调节框中有青色、洋红、黄色、黑色 4 个调节控制点，在"方法"单选框中有"相对"和"绝对"2 项，如图 5-2 所示。

（1）**油墨含量的调整**　CMYK 中的青色、洋红、黄色 3 种油墨原色是 RGB 色光三原色的补色，而黑色是用 CMY 这 3 种原色混合出来的（注：CMYK 中的 K 是指在印刷中由于颜料的限制配不出真正的黑色，而额外添加黑色油墨来补充印刷色，是一种单独的油墨）。"可选颜色"工具通过更改青色、洋红、黄色、黑色即 CMYK 的油墨数量来实现颜色的调整。

（2）**可调整的原色（主色）**　可调整的原色（主色）如图 5-3 所示。

图 5-1

图 5-2

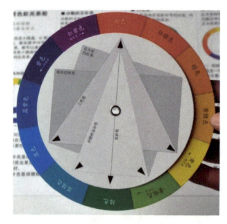
图 5-3

可调整的主色分为 3 组：

1）RGB 三原色：红色、绿色、蓝色。

2）CMY 三原色：黄色、青色、洋红色。

3）黑白灰明度：白色、黑色、中性色。

当选定了一个范围后，可以拖动需要调整的滑块，分别改变这个范围内像素的油墨三原色及黑色数值进行调整，调整黑色的数值时，会同时作用于其他 3 个分量，如图 5-4 所示。

（3）**计算方法：相对与绝对**

1）相对。按照总量的百分比更改颜色的量。例如，若青色为 20%，增加 10% 后，结果为 22% 的青色（20%+20%*10%=22%）。

2）绝对。采用绝对值调整颜色。例如，如果青色为20%，增加10%后，青色会设置为30%。

实际应用中，可以这样简单理解"相对"与"绝对"的区别，同条件下，通常"相对"对颜色的改变幅度小于"绝对"，"相对"对不存在的油墨颜色不起作用；"绝对"可向图像中某一原色添加不存在的油墨颜色。油墨的最高值是100%，最低值是0%，"相对"与"绝对"的计算值只能在这个范围内变化。

注：若是较复杂的复合色，由于同一颜色的各种原色含量不同，其计算方法更加复杂，不能靠简单的公式来套用。

3. 曲线调色原理

（1）相关概念

1）相似色：给定颜色旁边的颜色。例如，红色相似色为黄色和洋红。

2）互补色：也称为对比色，在色环上相互正对的颜色。例如，红色和青色为互补色。

3）间色：由三原色等量调配而成的颜色。

（2）原色的配色

红色（R）= 黄色 + 洋红　　　绿色（G）= 青色 + 黄色　　　蓝色（B）= 青色 + 洋红

由此可知，红色、绿色、蓝色（RGB）这3种颜色是油墨原色（CMY）的间色，三原色由其相似色的油墨原色调配而成，如图5-5所示。

图 5-4

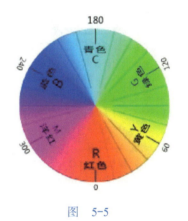

图 5-5

（3）互补色混合

青色 + 红色 =青色 +（黄色 + 洋红）= 黑色（灰色）

绿色 + 洋红 =（青色 + 黄色）+ 洋红 = 黑色（灰色）

蓝色 + 黄色 =（青色 + 洋红）+ 黄色 = 黑色（灰色）

二、曲线调色

下面介绍曲线调色、亚当斯的"分区曝光法"和亮度调整的相关知识。

1. 曲线调色理论

曲线调色的优势在于对调节点的控制。

曲线调色的功能会调节全体或单独通道的对比、调节任意局部的亮度、调节颜色，组合键为<Ctrl+M>。

Photoshop将图像大致分为3个部分：暗调、中间调、高光。图5-6所示为"曲线"对话框，其中暗调、中间调、高光控制点如图所示。由于输出色阶和输入色阶完全相同，因此曲线初始状态是色调范围显示为45度的对角基线，如图5-6所示。

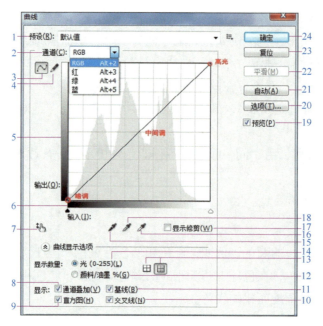

图 5-6

1—预设。预设选框里有多种预设曲线调节方式,如图 5-7 所示

2—通道。包括 RGB、红、绿、蓝 4 种通道模式

3—编辑点以修改曲线

4—通过绘制来修改曲线

5—垂直灰度条。代表调整后的图像色调

6—水平灰度条。代表原图的色调

7—在图像上单击并拖动可修改曲线。在选择"编辑点以修改曲线"时有效

8—通道叠加。只在 RGB 通道模式下有效

9—直方图。是否在网格内显示图像的直方图

10—交叉线。是否显示交叉线

11—基线。是否在网格内显示基线

12—显示数量——颜料/油墨%(G)。选择颜料/油墨%(G)时,则 CMYK 图像的坐标方向改变,即坐标是从亮部区(255)暗部区(0)

13—以四分之一色调增量显示简单网格/以 10% 增量显示详细网格,用于大小网格切换。可按住 <Alt> 键在网格内单击切换大小网格

14—显示数量——光(0-255)(L)。选择光(0-255)(L)时,则 RGB 图像默认左黑右白,即从图像的暗部区(0)区到亮部区(255),而 CMYK 图像的默认正好相反

15—黑场吸管

16—白场吸管

17—显示修剪

18—灰场吸管

19—预览。是否在图像中预览修改后效果

20—选项。主要是对算法、目标颜色和修剪的设置,一般情况下不改变默认设置

21—自动。慎用,它会使图像中最亮像素变为白色,使最暗像素变为黑色

22—平滑

23—复位。将更改还原为初始状态

24—确定

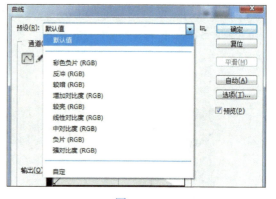

图 5-7

2. 亚当斯的"分区曝光法"

1)美国著名摄影家安塞尔·亚当斯提出了"分区曝光法",依照从暗到亮分为 11 个区,每个区的亮度是前一个区的两倍,如图 5-8 和图 5-9 所示。

低调区:O 区、I 区、II 区、III 区。

中间区:IV 区、V 区、VI 区。

高调区:VII 区、VIII 区、IX 区、X 区。

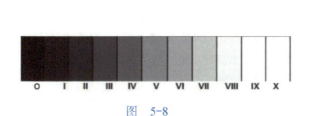
图 5-8

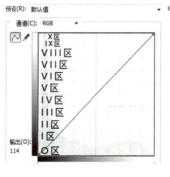
图 5-9

2）分区数字含义及示例如图 5-10 所示。

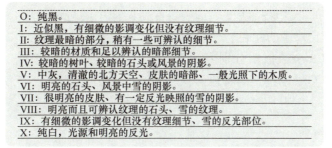

图 5-10

3. 亮度调整

（1）亮度调整功能　图 5-11 中的左图在使用了 Photoshop 的亮度调整功能后，将图像的亮度降低，得到右侧的图像，人像皮肤高光区的细节表现得到改善。

（2）亮度调整功能的应用　在"信息"面板设置"第一颜色信息"为"Lab 颜色"，如图 5-12 和图 5-13 所示。

图 5-11

图 5-12

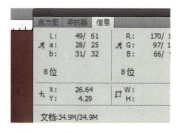
图 5-13

调整曲线，同时观察 L 值的数值。当 L 值调整到 60 就可以了，如图 5-14 和图 5-15 所示。

图 5-14

图 5-15

三、色彩平衡（RGB 模式）

下面介绍色彩平衡原理、使用色彩平衡调色等相关知识。

1. 色彩平衡原理

色彩平衡主要用于校正图像色偏，调节过饱和或饱和度不足的情况。它可以用来控制图像的颜色分布，使图像整体达到色彩平衡，但不能精确控制单个颜色成分（单色通道），只能作用于复合颜色通道。根据颜色的补色原理，要减少某个颜色，就增加这种颜色的补色。同时由于补色是由相邻的颜色混合而成。例如，青色是由蓝色和绿色混合而成，因此可以通过增减与补色相邻的颜色来调整颜色。

2. 使用色彩平衡调色（Lab 模式）

按 <Ctrl+B> 组合键，打开"色彩平衡"对话框，在"色调平衡"选框中选择想要更改的色调范围（阴影、中间调、高光），"保持明度"选项可保持图像中的色调平衡。在"色彩平衡"选框中，三角形滑块移向需要增加或减少的颜色，改变图像中的颜色组成。同时，"色阶"数据框的数值会在 –100 ～ 100 范围内变化（3 个数值框分别表示 R、G、B 通道的颜色变化，Lab 模式下，分别代表 A 通道和 B 通道的颜色）。不断调整直至将色彩调整到满意为止，如图 5-16 所示。

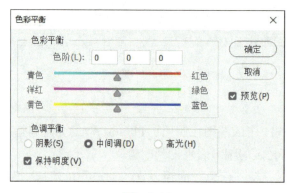

图 5-16

四、色相/饱和度

下面介绍色相/饱和度的基本概念、面板及应用技巧等相关知识。

1. 基本概念

HSB 是指 H（Hues）、S（Saturation）和 B（Brightness），即色相、饱和度和明度。

1）色相：在 0°～360° 的标准色轮上，色相是按位置度量的，单位为角度。色相是色彩的首要外貌特征，一般由颜色名称标识，黑色和白色没有色相。

2）饱和度：指色彩鲜艳度（纯度），不同色相所能达到饱和度不同，饱和度高的色彩较为鲜艳，饱和度低的色彩较为暗淡。白色、黑色和灰色没有饱和度。当达到最大饱和度时，每一色相具有最纯的色光。

3）明度：色彩的明亮度。明度最高时为白色，最低时为黑色。

2. 面板及应用技巧

1）按 <Ctrl+U> 组合键，打开"色相/饱和度"面板，对色相、饱和度、明度 3 项进行综合调整。

2）调整范围有全图、红色、黄色、绿色、青色、蓝色、洋红 7 种模式。如果要对全图进行调整，则选择全图模式，全图模式将会改变图中的所有色相；如果只对当前图像中的某一颜色进行改变，则选择该颜色再进行调节，如图 5-17 所示。

3）"色相/饱和度"面板下方有两条色谱条，它与色相的改变有关，上面一条为原色相，是固定的；

下面一条代表改变后的色相，通过对比可知道图像中相应颜色区域的改变效果。

色谱条分为中心色域和辐射色域，中心色域指所要改变的色谱范围，辐射色域指对邻近色域的影响范围。辐射色域的变色效果是由中心色域边界开始向两边逐渐减弱的，如果某些色彩改变的效果不明显，可扩大中心或辐射色域的范围。移动色谱条上的 4 个边界符号可改变中心或辐射色域的范围大小，在中心色域上按住鼠标左右拖动可移至其他色域。

4）色谱条上方有 3 个吸管工具，分别为颜色选区、添加颜色区域、减去所选颜色区域。利用"颜色选区"工具，在图像中单击可以将中心色域移动到所单击的颜色区域，如图 5-18 所示。

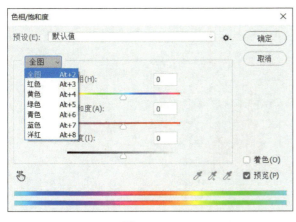

图 5-17

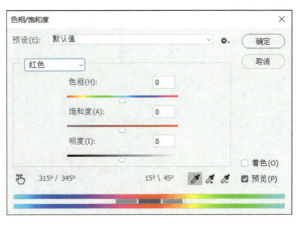

图 5-18

5）"色相/饱和度"面板右下角有"着色"和"预览"复选框。"着色"的作用是"为灰度图像着色"或"创建单色调效果"，它是一种"单色代替彩色"的操作，并保留原先的像素明暗度。选中"着色"，下方色谱条变为棕色，此时棕色代替全色相，图像现在整体呈现棕色，移动色相滑块可以选择不同的单色。

"着色"的图像模式必须是 RGB、CMYK 或 LAB。选择"着色"时，默认呈现的颜色与工具栏下的"前景色"和"背景色"相关。可不用关心当前的"前景色"和"背景色"，可选择"着色"后拖动色相改变为新颜色，同时可以改变需要的饱和度和明度。

五、色阶

下面介绍直方图、色阶调色，以及色阶与曲线的关系等相关知识。

1. 直方图

（1）直方图面板　"直方图"面板如图 5-19 所示。在"通道"选框中选择"RGB"，代表查看整个图像的直方图；若选择"单通道"，则为图像中该通道的直方图；若选择"颜色"，代表以彩色方式查看通道直方图。直方图以坐标的形式显示了图像亮度值与像素值的关系，X 轴代表绝对亮度范围，范围为 0～255，主要分为暗部（0～85）、中间调（86～170）、高光（171～255）3 个部分。Y 轴代表像素的数量，但有时并不能完全反映像素数量。"源"选框代表有多个图层时，可以选择查看单一图层的直方图，也可以查看整个图像的直方图。

在"统计"栏目中，有平均值、标准偏差等 8 个基本统计数据，放置指针在直方图中，或者按住鼠标左键选择直方图的一定范围，可以滑动查看特定亮度像素（范围）的相关数据。

平均值：表示平均亮度值。

标准偏差：表示亮度值的变化范围。

中间值：显示亮度值范围的中间值。

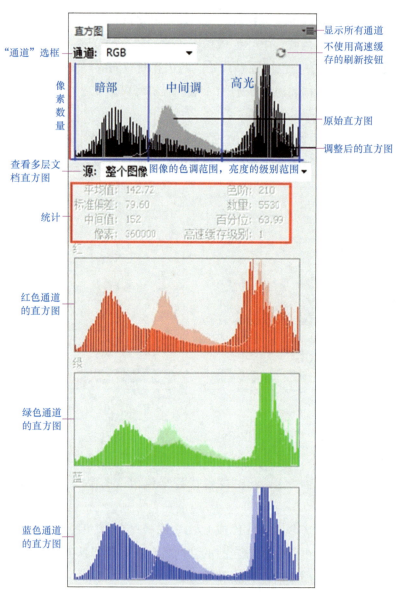

图 5-19

像素：表示用于计算直方图的像素总数。

色阶：显示指针下面区域的亮度级别。

数量：表示相当于指针下面亮度级别的像素总数。

百分位：显示指针所指的级别或该级别以下的像素累计数。该值表示为图像中所有像素的百分数，从最左侧 0% 到左右侧的 100%。

高速缓存级别：当使用较大的文件时，因为统计所有像素的工作量很大，这时 Photoshop 会取临近像素作平均运算，使用高速缓存大概地统计出近似值，单击"不使用高速缓存的刷新"按钮，将使用实际的图像像素重绘直方图。

当单击显示所有通道，选择全部通道视图时，可以分别在下面显示红、绿、蓝 3 个通道的直方图。直方图中阴影部分为原始直方图，而前面比较明亮的部分则为经过调整后的直方图。

（2）识读直方图　每一幅图像的直方图都不一样，通过直方图可以判断图像的质量。下面学习图像质量的判断口诀，直方图如图 5-20 所示。

　　○ 左边山脚见不到，暗部细节被丢失；

　　○ 右边山脚见不到，亮部细节被丢失；

○ 两边山脚见不到,加减曝光断分明;

○ 山峰靠右亮区大,山峰靠左暗影多;

○ 山谷如果在中间,中间影调少细节。

① 曝光恰到好处时,亮度分布在最暗和最亮之间,左端(暗部)和右端(高光)都没有溢出,即暗部和亮部都没有损失细节层次。

② 曝光量不足。左端产生溢出,暗部细节损失较大,右端(亮部)没有像素,亮度不足。

③ 曝光过度。左端像素太少,图像缺少黑色成分,右端溢出,亮部细节损失较大。

④ 低反差过低。左端和右端都富余大量的空间,影调集中在中间部分。一般来说,如果直方图的分布在水平方向大于直方图宽度的四分之一,图像的层次信息不会产生肉眼能观察到的细节损失。

⑤ 反差过高。两端都产生溢出,这将给图像的暗部和亮部都造成不可逆转的细节损失。

2. 色阶调色

1)组合键:<Ctrl+L>。

2)色阶里有 4 个通道:RGB、红、绿、蓝,可以分别选择并进行调节。在 RGB 通道里,灰色滑块向左滑动会减少灰度;向右滑动会增加灰度。在红通道里,灰色滑块向左滑动会增加红色;向右滑动会增加绿色。在绿通道里,灰色滑块向左滑动会增加绿色,向右滑动会增加洋红色。在蓝通道里,灰色滑块向左滑动会增加蓝色;向右滑动会增加黄色,如图 5-21 所示。

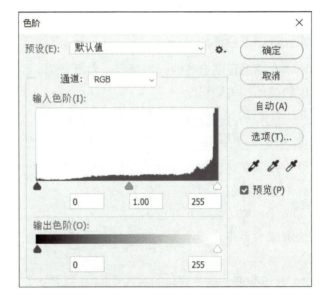

图 5-20　　　　　　　　　　　图 5-21

色阶直方图下面有黑、灰、白 3 个滑块,其中左边的黑色滑块代表纯黑,也代表暗部;中间的滑块代表灰度,也代表中间调;右边的滑块代表纯白,也代表高光。其位置对应"输入色阶"框中的 3 个数值。输出色阶有两个滑块,分别代表暗部和高光的输出色阶,其位置对应"输出色阶"框中的两个数值。

"色阶"面板右侧有 3 个吸管图标,主要用来校正颜色。第一个为黑场,代表暗部;第二个为灰场,代表中间调;第三个为白场,代表高光。要调整一幅图像,就要分别找出图像的黑、白、灰场,其中灰场是最难找的,往往对定义一幅图像十分重要。

色阶还有一个自动命令,方便快捷,但是要慎用。自动是根据色彩来调的,它会将 RGB 3 个通道的色调平分,也就是说,如果蓝通道色彩偏少则会将它补足,补得和其他通道一样多,这样有时会造成严重的色彩失衡。

3. 色阶和曲线的关系

色阶和曲线的关系如图 5-22 所示。

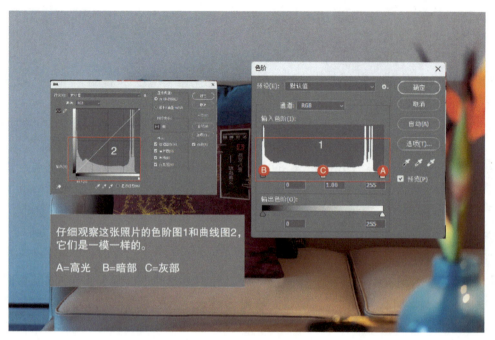

图 5-22

六、通道混合器

下面介绍通道混合器的调色原理、面板介绍、调色规律，以及常见环境色彩目标控制规律、调色工具范围归类的相关知识。

1. 通道混合器调色原理

1）RGB 色彩理论。

红 + 绿 = 黄（蓝的互补色）

红 + 蓝 = 洋红（绿的互补色）

蓝 + 绿 = 青（红的互补色）

通道混合器中，图像某一颜色过多可加其补色进行混合从而减少过多的颜色。

2）通道亮度与颜色变化的关系（RGB 模式）如图 5-23 所示。

通道红——越亮，画面越红少青；越暗，画面越青少红；

通道绿——越亮，画面越绿少洋红；越暗，画面越洋红少绿；

通道蓝——越亮，画面越蓝少黄；越暗，画面越黄少蓝。

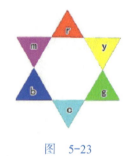

图 5-23

2. 通道混合器面板介绍

通道混合器只在 RGB、CMYK 模式中起作用，而在其他颜色模式中不可用。而其面板在 RGB 模式和 CMYK 模式各不相同，如图 5-24 和图 5-25 所示。

RGB 模式：输出通道有红、绿、蓝。

CMYK 模式：输出通道有青、洋红、黄、黑。

通道混合器面板中，红色、绿色、蓝色、青色、洋红、黄色、黑色的百分比是指原图通道相对应的通道中红色、绿色、蓝色、青色、洋红、黄色、黑色参与计算的百分比。两种模式下都有一个常数滑块和单色选框，常数就是以原图的通道红、通道绿、通道蓝按不同百分比计算之后，在色阶图上再加一个偏移量，向纯白方向还是向纯黑方向所偏移的数量。若单色被选中，则将图像转换为灰度模式，此时的滑块调节是调整其明暗度。

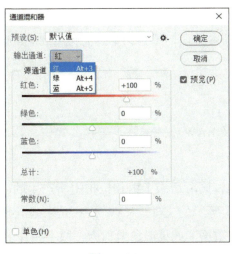

图 5-24

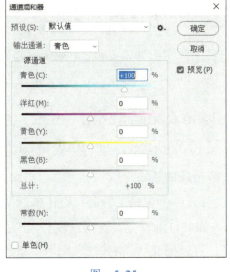

图 5-25

3. 通道混合器调色规律

1）在通道混合器中，如果对某通道始终有等式成立：

红色百分比 %+ 绿色百分比 %+ 蓝色百分比 %= 总计 100%

那么，该通道的中性灰的颜色就会保持不变。应用：人像调色中，人的肤色比较接近中性灰，可用此办法先改变背景和人物衣服的颜色，而人的肤色改变就很少；在水墨画效果的调色中，也可用此办法，保证中性灰颜色不变，而改变整个画面的色调等。

2）新图色阶 = 原图（红色阶 × 红色百分比 %+ 绿色阶 × 绿色百分比 %+ 蓝色阶 × 蓝色百分比 %）+ 255× 常数百分比 %

常数作用：某通道的常数百分比增加或减少，该通道亮度就平均增加或减暗，相当于平均增加或减少了该通道的颜色。

3）当选定某输出通道时，增加红色、绿色、蓝色、常数百分比，该通道的亮度就更亮，画面就增加该输出通道颜色（减少该输出通道颜色的补色）；减少红色、绿色、蓝色、常数百分比，该通道的亮度就更暗，画面就减少该输出通道颜色（增加该输出通道颜色的补色）。

4. 常见环境色彩目标控制规律（可选颜色）

常见环境色彩目标控制规律如图 5-26 所示。

5. 调色工具范围归类

调色工具范围归类如图 5-27 所示。

环境色彩/技巧	色彩分析	技巧分析
人物肤色	红色，黄色	可选颜色调整红色，黄色
春天树叶颜色	绿色，黄色	可选颜色调整绿色，黄色
夏天树叶颜色	绿色，黄色，青色	
蓝天颜色	蓝色，青色	可选颜色调整蓝色，青色
枯草颜色	黄色，青色	可选颜色调整黄色，青色

图 5-26

整体调色	局部调色	具体调色
曲线	色彩平衡	可选颜色
纯色调整层（填充颜色图层）		色相饱和度

图 5-27

> **总结与拓展**
>
> 本节内容介绍过的图层样式的相关知识，请自行练习，加深对知识点的掌握程度。

必备知识　Camera Raw的应用

本节内容主要学习滤镜 Camera Raw 的基础知识和基本原理，了解和掌握滤镜 Camera Raw 的使用方法。

一、Adobe Camera Raw（ACR）的概念

下面介绍 RAW 格式的认知、RAW 格式的优点，以及 RAW 格式的缺点等相关知识。

1. RAW 格式的认知

RAW 文件是一种记录了数码相机传感器的原始信息，同时记录了由相机拍摄所产生的一些原数据（Metadata，如 ISO 的设置、快门速度、光圈值、白平衡等）的文件。RAW 格式是未经处理、也未经压缩的格式，可以把 RAW 格式概念化为"原始图像编码数据"或更形象地称为"数字底片"。

RAW 格式是对数码摄影的无损记录，具有非常大的后期处理空间。可以简单地认为是把数码相机内部对原始数据的处理流程移到了计算机上。熟练掌握 RAW 处理可以很好地控制照片的影调和色彩，并且得到较高的图像质量。流行的 RAW 处理软件有很多，其中 Adobe Camera Raw（ACR）就是其中之一，作为通用型 RAW 处理引擎，它可以很好地和 Photoshop 结合在一起。

2. RAW 格式的优点

RAW 格式的优点就是拥有 JPG 格式无法相比的大量拍摄信息。正因为信息量庞大，所以 RAW 格式图像在用计算机进行成像处理时可适当进行曝光补偿，还可调整白平衡，并能在成像处理时任意更改照片风格、锐度、对比度等参数，所以那些在拍摄时难以判断的设置，均可在拍摄后通过计算机屏幕进行细微调整。

而且这些后期处理是过程可逆的，也就是说，当处理完一个 RAW 文件时，只要还是保存成 RAW 格式，那么以后还能把照片还原成原始的状态。

3. RAW 格式的缺点

RAW 格式图像与 JPG 格式图像不同，如果不使用专用的软件进行成像处理，就无法作为普通图像浏览。而且由于 RAW 文件通常采用不压缩或者低压缩的保存方式，所以文件大小往往比相同分辨率的 JPG 文件大两到三倍，对于存储卡容量有较大要求。因此，拍摄照片后的存储时间更长，后期计算机处理的硬件要求更高，处理时间较长。而且，各厂商的 RAW 格式编码几乎都不同，所以 RAW 文件在不同品牌相机中是不通用的。

二、Adobe Camera Raw 的应用

下面介绍 RAW 文件调节白平衡，RAW 文件调节曝光补偿，RAW 文件调节画面对比度、饱和度、锐度，RAW 文件校正色差，RAW 文件校正暗角，RAW 文件减少干扰的相关知识。

1. RAW 文件调节白平衡

一个准确的白平衡设置，可以使画面色彩更加美观。不过习惯于使用自动白平衡的用户，可能会经常遇到自动白平衡不准确的问题。虽然使用手动白平衡可以很好地解决这一问题，不过每到一个新场景或者新的光照环境，就要重新再定义一次白平衡，相当烦琐。

2. RAW 文件调节曝光补偿

与白平衡类似，数码相机的自动曝光也未必一定准确，不少时候都会出现过曝（画面过亮）或者欠

曝（画面太暗）的情况。如果是使用 JPG 文件拍摄，后期调节画面的亮度，会影响一定的画质，如噪点增多、画面细节缺失等。如果使用 RAW 文件拍摄，后期调节画面亮度（后期曝光补偿）不但效果较好，而且过程可逆，不会对原始文件造成任何损害。

3. RAW 文件调节画面对比度、饱和度、锐度

在选用不同的色彩风格模式的基础上，还可以单独调节 RAW 文件的对比度、饱和度、锐度等设置。

4. RAW 文件校正色差

色差又称为色散现象，是由于相机镜头没有将不同波长的光线聚集到同一个焦平面（不同波长的光线的焦距是不同的），或者是由于相机镜头对不同波长光线的放大程度不同而形成的。色差可分为"纵向色差"和"横向色差"。

RAW 格式文件可以利用软件来校正色差问题，原理就是厂商先检测出镜头本身的色差，然后做成一个配置文件，软件根据这个配置文件来对该镜头所拍摄出来的 RAW 文件进行校正。

5. RAW 文件校正暗角（周边光量校正）

对着亮度均匀的景物进行拍摄时，画面四角有变暗的现象，叫作"失光"，俗称"暗角"。暗角对于任何镜头都不可避免。产生暗角的原因主要有：

1）边角的成像光线与镜头光轴有较大的夹角。这是造成边角失光的主要原因。

2）长焦镜头尤其是变焦、长焦镜头很大。为了降低成本，缩小了这些镜片直径，使边角成像光线不能完全通过，降低了边角的亮度。

3）边角的像差较大。为了提高成像质量，某些镜片的边缘或专门设置的光阑有意挡住部分影响成像质量的边缘光线，造成边角失光。

4）广角镜头如果使用了过多的滤色镜，相当于增长了镜筒，可能造成边角暗角甚至黑角。

与校正色差一样，厂商都会对镜头进行暗角检测，然后让软件根据检测结果，对画面进行暗角校正。

6. RAW 文件减少干扰（降噪）

RAW 文件减少干扰（降噪）功能，基本上等于相机机身的降噪功能。如果使用 JPG 格式拍摄，机身设定的降噪强度将在拍摄后不可调节。如果使用 RAW 格式拍摄，就可以在后期利用软件来调节画面的降噪强度。

三、Adobe Camera Raw 功能特点

下面介绍照片的多格式输出、主界面、JPG 图像格式、工具栏、直方图浏览图、基本面板、设置工作流程选项，以及在 Camera Raw 内的相关操作。

1. 照片的多格式输出

RAW 文件的减少干扰（降噪）功能类似于相机机身的降噪功能。如果使用 JPG 格式拍摄，机身设定的降噪强度将在拍摄后不可调节。如果使用 RAW 格式拍摄，就可以在后期利用软件来调节画面的降噪强度，如图 5-28 和图 5-29 所示。

2. 主界面

主界面如图 5-30 所示。

图形图像处理

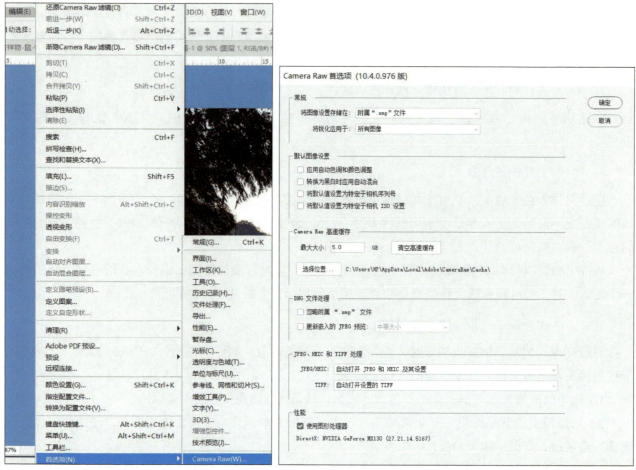

图 5-28   图 5-29

图 5-30

3. JPG 图像格式

在 Photoshop 中执行"文件"→"打开为"，在下拉列表框中选择 RAW 格式，或按 <Alt+Ctrl+Shift+O> 组合键完成操作，如图 5-31 和图 5-32 所示。

图 5-31

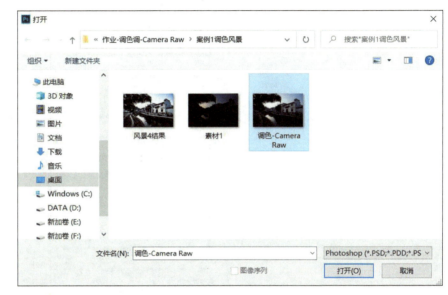

图 5-32

4. 工具栏

工具栏如图 5-33 所示。

5. 直方图浏览图

直方图浏览图如图 5-34 所示。

1）可以查看直方图信息。

2）可以查看到镜头光圈快门等数据。

3）可以看到光标所在点的 RGB 数据。

4）可以看到高光或阴影修剪的警告。

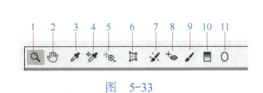

图 5-33

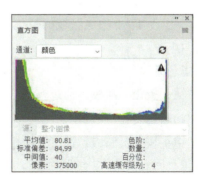

图 5-34

1—放大镜　2—抓手工具　3—色彩取样工具　4—白平衡工具
5—目标调整工具　6—变换工具　7—污点去除工具　8—去红眼工具
9—调整画笔　10—渐变滤镜　11—径向滤镜

6. 基本面板

基本面板如图 5-35 所示。

1）白平衡调整：可以使用预设，也可以手动来调节色调色温，还可以用白平衡工具。

2）曝光调整：可以用"自动"功能先试一下，如果不理想就手动调节。

3）清晰度、饱和度等。

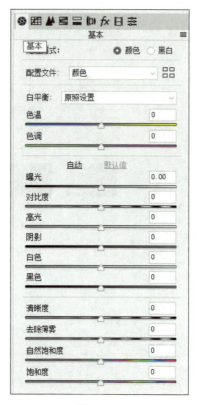

图 5-35

7. 设置工作流程选项

1）设置色彩的空间：一般选 SRGB，8 位通道（每种颜色分 256 个层次）。

2）如果要印刷或打印，则选 Adobe RGB，8 位通道，画面要求高可以选 16 位通道（每种颜色有 65535 个层次）。

3）分辨率和图片大小一般情况下选择默认。

8. 锐化

打开"细节"面板，把照片放大到 100%。细节决定锐化影响的边缘区域的范围。"数量"就是锐化的量。"半径"就是锐化边缘开始向外延伸的程度，默认是 1，最好不要超过 3，否则看起来会不真实。

"蒙版"用于调整非边缘区域的锐化量。向右拖动滑块降低锐化量。按 <P> 键查看处理前后的效果，如图 5-36 所示。

9. 校正色差

打开"镜头校正"面板，通过移动"去边"的滑块修复红 / 青边和蓝 / 黄边，如图 5-37 所示。

10. 调整暗角

打开"镜头校正"面板，通过"晕影"调整暗角，如图 5-37 所示。

1）数量：向左移动滑块增加暗角；向右移动滑块减少暗角。

2）中点：向左移动滑块暗角范围变大；向右移动滑块暗角范围变小。

11. 调节对比度

打开"色调曲线"面板，通过高光、亮调、暗调、阴影滑块调节对比度，如图 5-38 所示。

12. 分离色调

分离色调是指高光部分是一种色调，阴影部分是另一种色调，"分离色调"面板如图 5-39 所示。

图　5-36

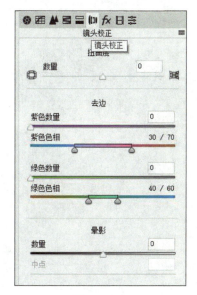

图　5-37

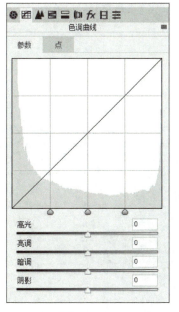

图　5-38

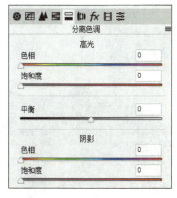

图　5-39

13. 调整各种颜色

通过"HSL"面板，可以分别对红色、橙色、黄色、绿色、浅绿色、蓝色、紫色、洋红这 8 种色彩的色相、饱和度、明亮度进行精细的调节。

四、操作实践

下面介绍降温、降低饱和度、微调、润色的实际操作过程。

1. 降温

打开 Photoshop，在 Camera Raw 中导入 RAW 文件，如图 5-40 所示。

利用 RAW 调整色温（白平衡），使整张图片的色调偏冷（也可以在前期拍摄的时候设置色温，如 K=6050），再进行其他的微调效果如图 5-41 所示。

图形图像处理

图 5-40

图 5-41

2. 降低饱和度

1）执行"滤镜"→"Nik Software"→"Color Efex Pro 4"，如图 5-42 和图 5-43 所示。

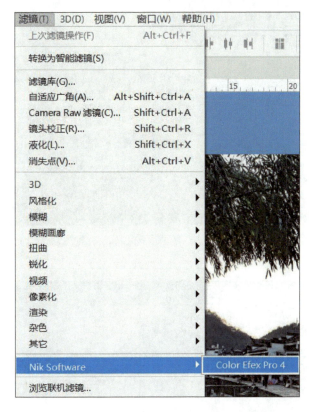

图 5-42

图 5-43

2）选择"滤镜列表"中的"胶片效果"，分别为褪色、怀旧和复古效果；如图 5-44～图 5-46 所示。

图 5-44

图 5-45

图 5-46

3）在"双色滤镜"中的"颜色组合"选项中选择适合的颜色,如图 5-47 和图 5-48 所示。

图 5-47　　　　　　　　　　　　　　　图 5-48

4）在"黑白转换"选项中调整相关参数,如图 5-49 和图 5-50 所示。

图 5-49　　　　　　　　　　　　　　　图 5-50

5）复制一层,把黑白图层放置在彩色图层上面,如图 5-51 所示。
6）把黑白图层的不透明度调整为 50%～75%,如图 5-52 所示。

图 5-51

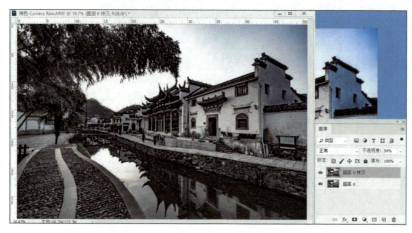

图 5-52

3. 微调

1) 执行 "窗口" → "调整" 命令，如图 5-53 所示。

2) 打开 "通道混合器"，选择 "蓝色" 通道进行调整，此处调整可根据自己的喜好进行，仅供参考，如图 5-54～图 5-56 所示。

图 5-53

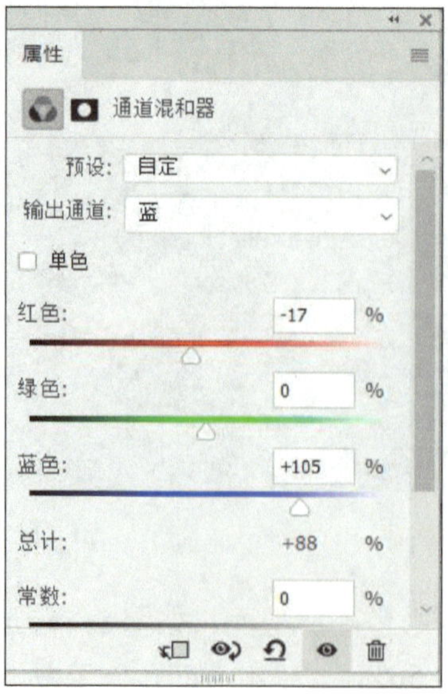

图 5-54

图 5-55

图 5-56

3)打开"Camera Raw",选择"色调曲线",选择"红色"通道,效果如图 5-57 所示。

图 5-57

4. 润色

1)按 <Ctrl+Alt+Shift+E> 组合键向下合并图层,复制一层,执行"滤镜"→"Camera Raw"→"预设"→"颗粒"命令,效果如图 5-58 所示。

图 5-58

2）执行"预设"→"曲线"→"反冲"命令，效果如图 5-59 所示。

图 5-59

3）执行"预设"→"曲线"→"巨大 S 曲线"命令，效果如图 5-60 所示。
4）执行"预设"→"曲线"→"展平"命令，效果如图 5-61 所示。

图 5-60

图 5-61

总结与拓展

本节内容介绍过的图层样式的相关知识，请自行练习，加深对知识点的掌握程度。

任务1　风景图片的调整与修饰

扫一扫
查看操作视频

本任务主要学习风景图片的调整与修饰，通过具体的制作过程了解和掌握 Camera Raw 滤镜、Color Efex Pro 4 等工具的使用技巧。

●●● 任务分析

本任务主要运用了"滤镜"里 Camera Raw 滤镜、Nik Software 的 Color Efex Pro 4 等工具来完成实例的制作，如图 5-62 和图 5-63 所示。本任务最终效果如图 5-64 所示。

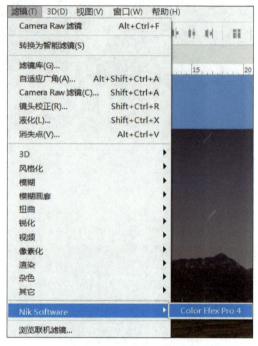

图　5-62　　　　　　　　　　　图　5-63

图　5-64

●●● 任务实施

1）打开风景图片素材，双击图片激活背景图层，执行"菜单"→"滤镜"→"Camera Raw 滤镜"命令，如图 5-65 和图 5-66 所示。

图 5-65

图 5-66

2)复制风景图层,在"基本"面板中分别对色调、曝光、对比度、高光、阴影、清晰度、去除薄雾参数做适当调整,如图 5-67 和图 5-68 所示。

图 5-67　　　　　　　　　　　　　图 5-68

3）选择"色调曲线"，分别调整蓝色、绿色、红色曲线，效果如图 5-69～图 5-71 所示。

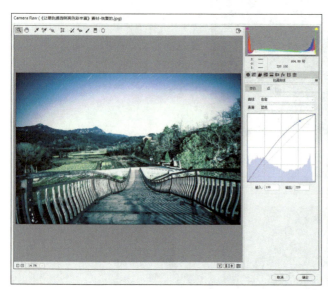

图　5-69

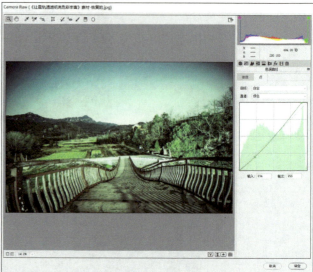

图　5-70

图　5-71

4）在"细节"面板中调整各项参数，如图 5-72 和图 5-73 所示。

图　5-72

图　5-73

5）选择"HSL 调整"，编辑各项参数，如图 5-74 所示。

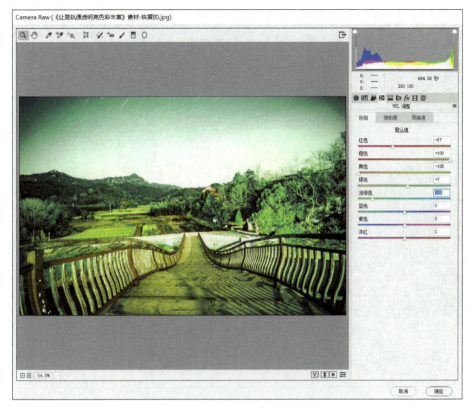

图 5-74

6）在"校准"面板中编辑各项参数，调整画面色调效果，如图 5-75 所示。

图 5-75

7）选择"分离色调"，编辑各项参数，调整画面效果，如图 5-76 所示。

图 5-76

8）选择"预设"，编辑各项参数，效果如图 5-77 和图 5-78 所示。

图 5-77

图 5-78

9）执行"滤镜"→"Nik Software"→"Color Efex Pro 4"命令，选择"古典柔焦"效果，如图 5-79 和图 5-80 所示。

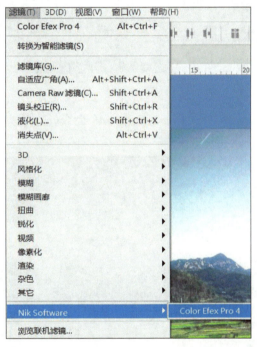

图 5-79

图 5-80

10)执行"滤镜"→"Nik Software"→"Color Efex Pro 4"命令,选择"黑/白转换"效果,如图 5-81 所示。

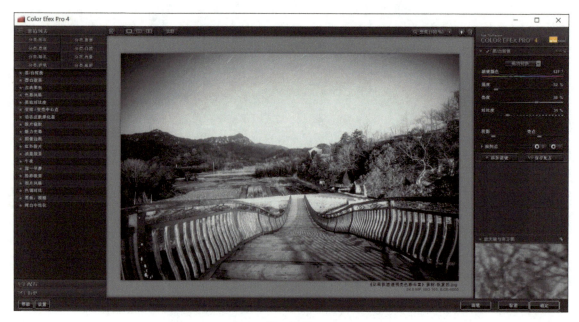

图 5-81

11)执行"滤镜"→"Nik Software"→"Color Efex Pro 4"命令,选择"双色滤镜"效果,如图 5-82 所示。

图 5-82

任务评价与拓展

● 评分标准

灵活应用工具的能力(30%)	再现画面的能力(30%)	艺术表现(20%)	质量与熟练度(20%)

把本任务重新制作一遍,回忆和记录制作流程,复习已学过的 Camera Raw 等相关知识,加深对知识点的理解。也可以选择其他适合的素材图片进行拓展练习,巩固所学知识。制作效果展示如图 5-83 ~图 5-88 所示。

项目5 图像色彩调色与修饰

图 5-83　　　　　　　　　　　图 5-84

图 5-85　　　　　　　　　　　图 5-86

图 5-87　　　　　　　　　　　图 5-88

任务2　调出人物清透水润感彩妆效果

本任务主要学习调出人物清透水润感彩妆效果，通过具体的制作过程了解并掌握填充和调整图层、可选颜色、色彩平衡、色相/饱和度以及照片滤镜等工具的使用技巧。

扫一扫
查看操作视频

图形图像处理

●●● 任务分析

本任务主要运用了填充和调整图层、可选颜色、色彩平衡、色相/饱和度和照片滤镜等工具来完成制作。本任务完成前后效果如图 5-89 所示。

图 5-89

●●● 任务实施

1）打开人物图片素材，双击图片激活背景图层，新建图层单击"调色"浮动面板，选择"色彩平衡"，设置"高光"参数分别为 0、13、-8，如图 5-90～图 5-94 所示。

图 5-90　　　　　　　　图 5-91　　　　　　　　图 5-92

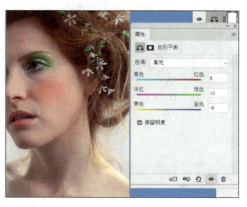

图 5-93　　　　　　　　图 5-94

2）选择"可选颜色"，调整"红色"参数，如图 5-95～图 5-97 所示。

图 5-95　　　　　　图 5-96　　　　　　图 5-97

3）选择"可选颜色",调整"黄色"参数,如图 5-98 所示。

4）选择"可选颜色",调整"绿色"参数,如图 5-99 所示。

图 5-98　　　　　　　　　　　图 5-99

5）选择"照片滤镜",调整"青"参数,如图 5-100 ～图 5-102 所示。

图 5-100　　　　　图 5-101　　　　　图 5-102

6）调整"色相/饱和度",因为背景略带青色,所以在这里先调整"青色"的参数,以避免后续调整后青色变得更重,如图 5-103 ～图 5-105 所示。

图 5-103　　　　　图 5-104　　　　　图 5-105

7）按 <Ctrl+Alt+Shift+E> 组合键盖印所有图层，如图 5-106 所示。

8）单击"绿色通道"并提取亮部，然后回到"RGB 通道"，如图 5-107 所示。

 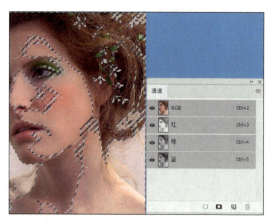

图 5-106　　　　　　　　　　　　图 5-107

9）带着选区新建曲线调整图层，参数设置如图 5-108 所示。

10）再次执行"照片滤镜"命令，参数设置如图 5-109 所示。

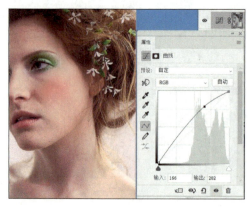 

图 5-108　　　　　　　　　　　　图 5-109

11）再次选择"可选颜色"，调整"红色"和"黄色"参数，如图 5-110 和图 5-111 所示。

图 5-110　　　　　　　　　　　　　　　　图 5-111

12）按 <Ctrl+Alt+Shift+E> 组合键盖印图层，执行"滤镜"→"表面模糊"命令，如图 5-112 和图 5-113 所示。

13）执行"滤镜"→"锐化"→"智能锐化"命令，设置数量 20%，半径 12.2 像素，修片（注意明暗度变化），最后锐化完成，如图 5-114 和图 5-115 所示。

14）再进行一些局部的调整，最终完成效果如图 5-116 所示。

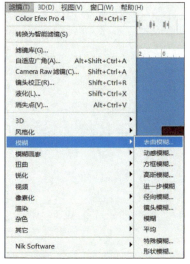

图 5-112　　　　　　　　　　　　　　　　图 5-113

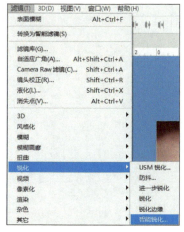
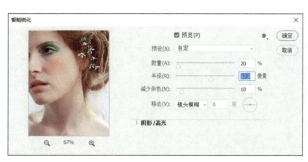

图 5-114　　　　　　　　图 5-115　　　　　　　　图 5-116

任务评价与拓展

● 评分标准

灵活应用工具的能力（30%）	再现画面的能力（30%）	艺术表现（20%）	质量与熟练度（20%）

把本任务重新制作一遍，回忆和记录制作流程，复习已学过的命令、菜单、面板、组合键等知识，熟练掌握制作方法和技巧，也可以选择其他适合的素材图片进行拓展练习，巩固所学知识。

项目小结

通过本项目的学习，了解 Photoshop 中调色工具的相关知识以及基本应用；了解 Camera Raw 的相关知识以及基本应用；熟练掌握调出人物清透水润感彩妆效果任务的制作思路和制作流程；熟练掌握风景图片的调整与修饰任务的制作思路和制作流程。

Project 6

项目6

字母文字和企业标识制作

学习目标

- ★ 了解Illustrator工作环境、基础知识，以及文件操作等相关知识
- ★ 熟练掌握字母文字制作任务的制作思路和制作流程
- ★ 熟练掌握企业标识制作任务的制作思路和制作流程

必备知识　Illustrator基础概述 >>>>>

本节内容主要学习 Illustrator 工作环境、Illustrator 基础知识、Illustrator 文件操作、Illustrator 在设计领域中的应用等知识，了解和掌握各类基本工具的使用方法。

一、Illustrator 工作环境

下面介绍工作界面、菜单栏、标准工具栏、属性栏、工具箱、绘图页面、页面导航器、状态栏、标尺、辅助线、网格、视图导航器和面板工具栏等相关知识。

1. 工作界面

图 6-1 所示是一个典型的 Adobe Illustrator CC 工作界面，用户也可以根据自己的使用习惯来定义自己的个性界面。

图　6-1

2. 菜单栏

默认情况下，菜单栏位于整个工作界面的第一排，通过菜单栏可以使用 Adobe Illustrator CC 绝大部分的功能。

3. 标准工具栏

默认情况下，标准工具栏位于菜单栏的下面，标准工具栏是将常用的菜单命令以按钮的形式集中排列。

4. 属性栏

默认情况下，属性栏位于菜单栏的下面，属性栏会根据用户选择的工具和操作状态显示不同的相关属性，用户可以方便地设置工具或对象的各项属性。

5. 工具箱

工具箱位于工作界面的最左侧，它为用户提供各种绘图工具，单击要使用的工具，当图标显示为反显状态即表示选中了此工具箱，操作非常简单方便。

6. 绘图页面

绘图页面是进行绘图操作的主要工作区域。

7. 页面导航器

页面导航器位于操作界面的左下方。页面导航器显示文件当前活动的状态和打开文件的状态，通过单击页面导航器可以选择要编辑的文件，适用于多个文件的操作。

8. 状态栏

状态栏是显示图像对象的名字、位置、格式、大小等信息属性的工具，通常位于工作界面的上部。

9. 标尺

默认情况下，标尺位于操作界面的左侧和上部。标尺可以帮助用户确定图形的大小并精确定位，执行菜单栏中"视图"→"标尺"命令可显示或隐藏标尺。

10. 辅助线

利用辅助线可以更容易地确定物件的相对位置。辅助线的创建方法为：按住鼠标不动，从标尺栏中拖出一条线到指定的位置即可，执行"编辑"→"首选项"→"参考线和网格"命令进行辅助线颜色的编辑。

11. 网格

网格的功能和辅助线类似，适合非常规则的定位，执行菜单栏中"视图"→"网格"命令可显示或隐藏网格。执行"编辑"→"首选项"→"参考线和网格"命令设置网格的频率和间距。

12. 视图导航器

视图导航器位于垂直和水平滑动条的交点处，主要用于视图导航（特别适用于对象放大后的编辑）。按住导航器图标不放即可启动该功能，可以在弹出的窗口中随意移动，定位想调整的区域。

13. 面板工具栏

默认情况下，面板工具栏位于操作界面的最右侧，利用工具箱和面板工具可以绘制出非常丰富的矢量图效果，极大满足设计师在制作特效上的需求。用户可以根据自己的需求调出所需要的面板，灵活地放置在工作区域中的任何位置，使之在使用时更加顺手和便于操作。所有的面板工具都可以在菜单栏的"窗口"中开启和关闭。

二、Illustrator 基础知识

下面介绍 Illustrator 的 3 个基本要素、色彩模式和矢量图形的相关知识。

1. 色彩的 3 个基本要素

色彩的 3 个基本要素是色相、明度和纯度。

（1）**色相**　色相是色彩的相貌，也就是色彩的名字，就如同人的姓名一般，用来辨别不同色彩。

在可见光谱上，人的视觉能感受到红、橙、黄、绿、青、蓝、紫这些不同特征的色彩，人们给这些可以相互区别的颜色定义名称。当称呼其中某一种颜色的名称时，就会有一个特定的色彩印象，这就是色相的概念。

在可见光谱中，红、橙、黄、绿、青、蓝、紫，每一种色相都有自己的波长与频率，它们从短到长按顺序排列，构成了色彩体系中的基本色相，如图 6-2 所示。

图 6-2

（2）**明度** 色彩所具有的亮度和暗度被称为明度。计算明度的基准是灰度测试卡。作为有彩色，每种色彩各自的亮度、暗度在灰度测试卡上都具有相应的位置值。光线强时，感觉比较亮；光线弱时，感觉比较暗。明度高是指色彩较明亮，相反，明度低就是指色彩较灰暗。

在无彩色中，明度最高的颜色为白色，明度最低的颜色为黑色，中间存在一个从亮到暗的灰色系列。在有彩色中，任何一种纯色都有着自己的明度特征。例如，黄色为明度最高的颜色，处于光谱的中心位置，紫色是明度最低的颜色，处于光谱的边缘。一个彩色物体表面的光反射率越大，对视觉刺激的程度越大，看上去就越亮，这一颜色的明度就越高。明度在三要素中具有较强的独立性，它可以不带任何色相的特征而通过黑、白、灰的关系单独呈现出来。色相与纯度则必须依赖一定的明暗才能显现，色彩一旦发生，明暗关系就会同时出现，如图6-3和图6-4所示。

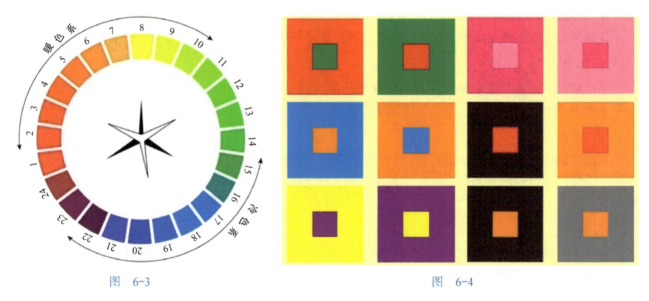

图 6-3　　　　　　　　　　　图 6-4

（3）**纯度** 纯度指的是色彩的鲜浊程度，它取决于一处颜色的波长单一程度。视觉能辨认出的有色相感的颜色，都具有一定程度的鲜浊度，如图6-5和图6-6所示。

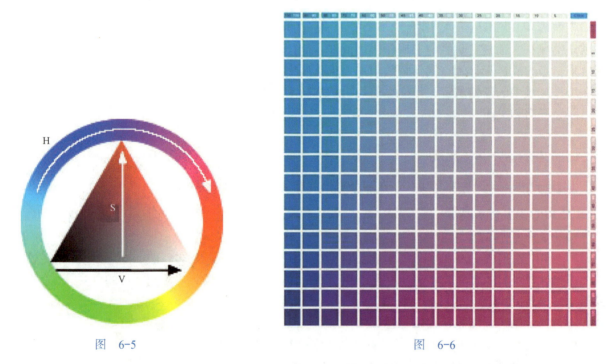

图 6-5　　　　　　　　　　　图 6-6

例如，当红色混入了白色时，虽然仍旧具有红色的色相特征，但它的鲜艳度降低了，明度提高了，成了不同程度的粉红色；当它混入了黑色时，鲜艳度降低了，明度变暗了，成为不同程度的暗红色；当混入与红色明度相似的中性灰色时,它的明度没有改变,纯度降低了,成为灰红色。不同的色相不但明度不同,纯度也不相同。在人的视觉中所能感受的色彩范围内,绝大部分是非高纯度的颜色。也就是说,大部分色彩都是包含灰度的色彩,有了纯度的变化,色彩才显得极其丰富。

2. 色彩模式

(1) **常用的 3 种色彩模式** 色彩模式决定显示和打印电子图像的色彩模型(色彩模型是用于表现色彩的一种数学算法),即一幅电子图像用什么样的方式在计算机中显示或打印输出。3 种常用的色彩模式分别为 RGB(表示红、绿、蓝)模式、CMYK(表示青、洋红、黄、黑)模式和灰度模式。

1) RGB(表示红、绿、蓝)模式。RGB 模式是基于自然界中 3 种基色光的混合原理,将红(R)、绿(G)和蓝(B)3 种基色按照从 0(黑)到 255(白)的亮度值在每个色阶中分配,从而指定其色彩。当不同亮度的基色混合后,便会产生出 256×256×256 种颜色,约为 1678 万种。例如,一种明亮的红色可能 R 值为 246,G 值为 20,B 值为 50。当 3 种基色的亮度值相等时,产生灰色;当 3 种基色的亮度值都是 255 时,产生纯白色;而当所有亮度值都是 0 时,产生纯黑色。3 种色光混合生成的颜色一般比原来的颜色亮度值高,所以 RGB 模式产生颜色的方法又被称为色光加色法,如图 6-7 ~ 图 6-9 所示。

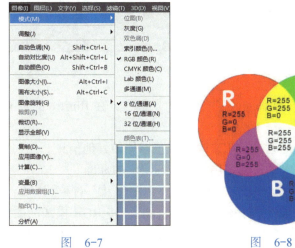
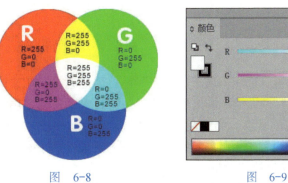

图 6-7　　　　　　　　　图 6-8　　　　　　　　　图 6-9

2) CMYK(表示青、洋红、黄、黑)模式。CMYK 模式是一种印刷模式,其中 4 个字母分别指青(Cyan)、洋红(Magenta)、黄(Yellow)、黑(Black),代表 4 种颜色的油墨。CMYK 模式在本质上与 RGB 模式没有什么区别,只是产生色彩的原理不同,在 RGB 模式中由光源发出的色光混合生成颜色,而在 CMYK 模式中由光线照到有不同比例 C、M、Y、K 油墨的纸上,部分光谱被吸收后,反射到人眼的光产生颜色。由于 C、M、Y、K 在混合成色时,随着 C、M、Y、K 4 种成分的增多,反射到人眼的光会越来越少,光线的亮度会越来越低,所有 CMYK 模式产生颜色的方法又被称为色光减色法,如图 6-10 ~ 图 6-12 所示。

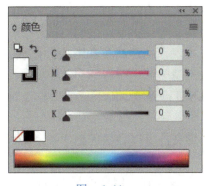
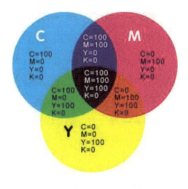

图 6-10　　　　　　　　　图 6-11　　　　　　　　　图 6-12

3）灰度（Grayscale）模式。灰度模式可以使用多达 256 级的灰度来表现图像，使图像的过渡更平滑细腻。灰度图像的每个像素有一个 0（黑色）到 255（白色）之间的亮度值。灰度值也可以用黑色油墨覆盖的百分比来表示（0% 等于白色，100% 等于黑色）。使用黑色或灰度扫描仪产生的图像常以灰度显示，如图 6-13～图 6-15 所示。

图 6-13

图 6-14

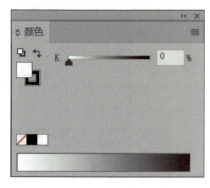
图 6-15

灰度通常用百分比表示，范围从 0% 到 100%。Photoshop 中只能输入整数，在 Illustrator 和 GoLive 中允许输入小数。

由于灰度色不包含色相，属于"中立"色，因此它常被用来表示颜色以外的其他信息。例如，在通道中，灰度是作为判断通道饱和度的标准；在蒙版中，灰度被用作判断透明度的标准。

（2）**色彩模式的转换** 为了在不同的场合正确输出图像，有时需要把图像从一种模式转换为另一种模式。这里介绍两种常用的转换模式的方式：将彩色图像转换为灰度模式，将 RGB 模式的图像转换成 CMYK 模式。通过执行"Image/Mode（图像 / 模式）"子菜单中的命令，来转换需要的颜色模式。这种颜色模式的转换有时会永久性地改变图像中的颜色值。例如，将 RGB 模式图像转换为 CMYK 模式图像时，CMYK 色域之外的 RGB 颜色值被调整到 CMYK 色域之外，从而缩小了颜色范围。

1）将彩色图像转换为灰度模式。将彩色图像转换为灰度模式时，会丢失原图中所有的颜色信息，而只保留像素的灰度级。灰度模式可作为位图模式和彩色模式间相互转换的中介模式。

2）将 RGB 模式的图像转换成 CMYK 模式。如果将图像从 RGB 模式转换成 CMYK 模式，图像中的颜色就会产生分色，颜色的色域就会受到限制。因此，如果图像是 RGB 模式的，最好选择在 RGB 模式下编辑，再转换成 CMYK 模式。

3. 矢量图形

通过学习了解矢量图形的概念及相关知识。

（1）**矢量图** 矢量图是计算机图形学中用点、直线或者多边形等基于数学方程的几何图形表示图像的一种成像形式，是使用直线和曲线来描绘的图形，具有颜色和位置属性。矢量图形（简称图形）是指使用计算机技术合成的图像。

（2）**特点** 文件小。由于图形中保存的是线条和图块的信息，因此矢量图形文件和分辨率和图形大小无关，只与图形的复杂程度有关，简单图形所占的存储空间小。

图形大小可以无级缩放。在图形进行缩放、旋转或变形操作时，图形仍具有很高的显示和印刷质量，而且不会产生锯齿模糊效果。

可采取高分辨率印刷。矢量图形文件可以在任何输出设备及打印机上以打印或印刷机的最高分辨率进行打印输出。

位图和矢量图用"缩放"工具 放大到一定程度后图像的效果分别如图 6-16 和图 6-17 所示。

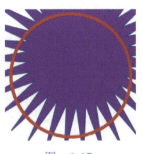

图 6-16　　　　　　　　　图 6-17

(3) 常用绘图工具

1) 该组工具主要用于绘制规则图形，包括"矩形"工具、"圆角矩形"工具、"椭圆"工具、"多边形"工具、"星形"工具、"光晕"工具。

2) 该组工具主要用于绘制各种性质的线条，包括"直线段"工具、"弧形"工具、"螺旋线"工具、"矩形网格"工具、"极坐标网格"工具。

3) 该组工具主要用于绘制和编辑图形，包括"铅笔"工具、"平滑"工具、"路径橡皮擦"工具。

4) "画笔"工具 主要通过模仿真实画笔效果来绘制图形。

5) "斑点画笔"工具 是一种特殊的用于绘制的画笔工具。

6) "套索"工具 主要用于不规则对象和区域的选择。

7) 该组工具主要用于绘制各种柱形图、条形图、折线和饼状图，包括"柱形图"工具、"堆积柱形图"工具、"条形图"工具、"堆积条形图"工具、"折线图"工具、"面积图"工具、"散点图"工具、"饼图"工具、"雷达图"工具。

(4) 矢量运算　矢量图形编辑器通常可以旋转、平移、镜像、拉伸、扭曲矢量图形，通常可以进行仿射变换，改变深度位置并且将图元与复杂物体合并。更加复杂的变换包括封闭形状的集合运算（并集、补集、交集等）。

三、Illustrator 文件操作

通过学习，掌握新建、保存文档等相关知识。

1. 新建文档

新建文档如图 6-18 和图 6-19 所示。具体操作步骤如下。

图 6-18

图形图像处理

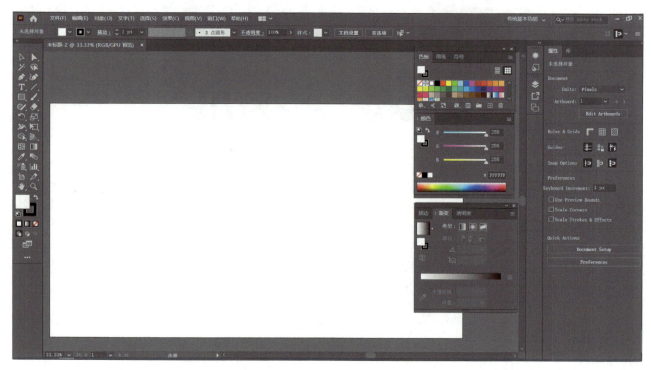

图 6-19

1）打开 Illustrator CC，弹出"新建文档"对话框如图 6-20 所示。

图 6-20

2）关闭该对话框后，执行"文件"→"新建"命令也可打开该对话框，如图 6-21 所示。

— 148 —

图 6-21

3）在弹出的对话框中选择"更多设置"，如图 6-22 所示。

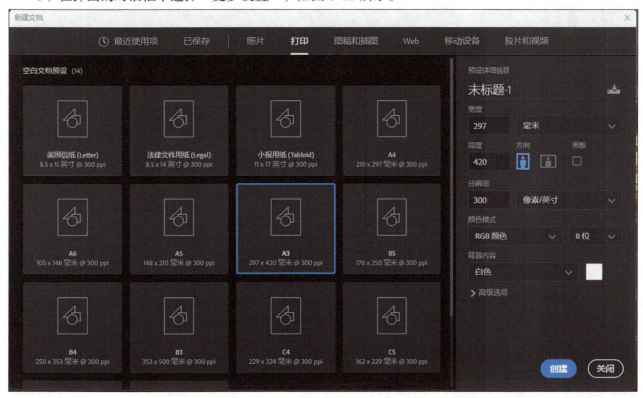

图 6-22

4)在"更多设置"对话框中的"配置文件"下拉列表框中选择"RGB"颜色模式,如图6-23所示。

图 6-23

5)设置"大小"为"A4","单位"为"毫米",如图6-24和图6-25所示。
6)设置"出血",一般情况下为上下左右各3mm,如图6-26所示。
7)设置页面的方向,一般分为横向和纵向两种,如图6-27所示。

图 6-24

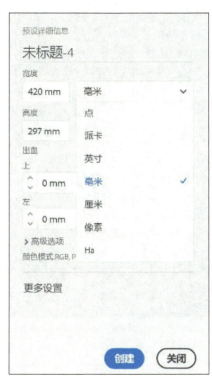

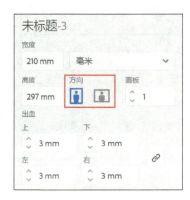

图 6-25　　　　　　　图 6-26　　　　　　　图 6-27

8）文档设置完成，建立的新文档，如图 6-28 所示。

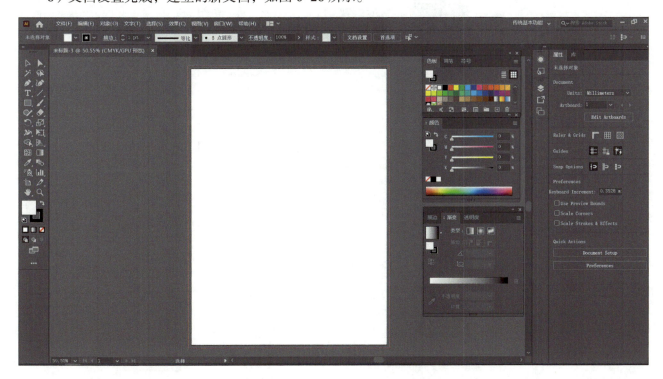

图 6-28

2. 保存文档

1）执行完图形绘制后的矢量图如图 6-29 所示。

图 6-29

2）执行"文件"→"储存"命令，如图 6-30 所示。

图 6-30

3）弹出"储存为"对话框，文件命名为"喜福图"，单击"保存"按钮，如图 6-31 所示。

4）弹出"Illustrator 选项"对话框，其他各项指标保持默认状态，单击"确定"按钮，如图 6-32 所示。

5）重新打开软件，在"最近打开的文件"中有之前保存过的命名为"吉庆喜福海报"的 AI 文件，证明这个文件已经被完好地保存在了指定位置，如图 6-33 所示。

项目6 字母文字和企业标识制作

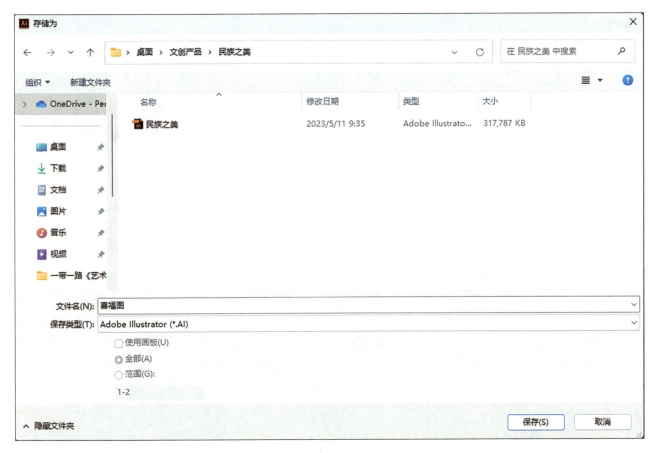

图 6-31

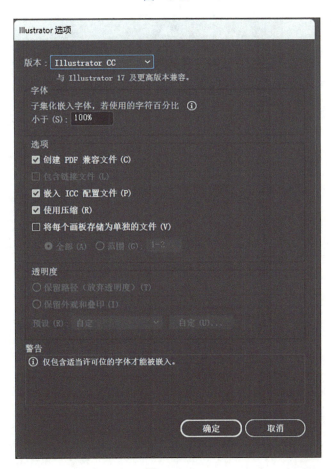

图 6-32

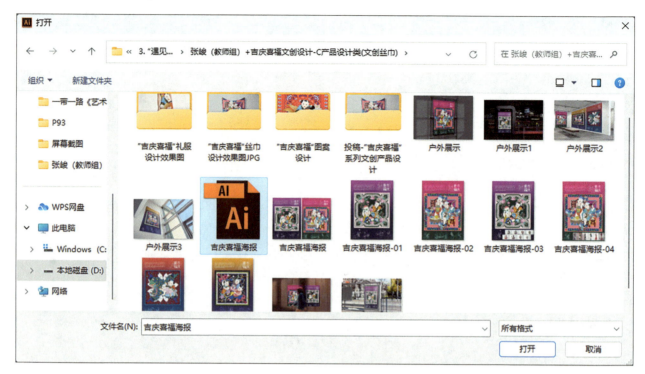

图 6-33

3. 文件的置入

通过学习掌握文件的置入与导出等知识，具体操作步骤如下。

1）执行"文件"→"置入"命令，如图 6-34 所示。

图 6-34

2）在弹出的对话框中选中要置入的对象，单击"置入"按钮，如图 6-35 所示。

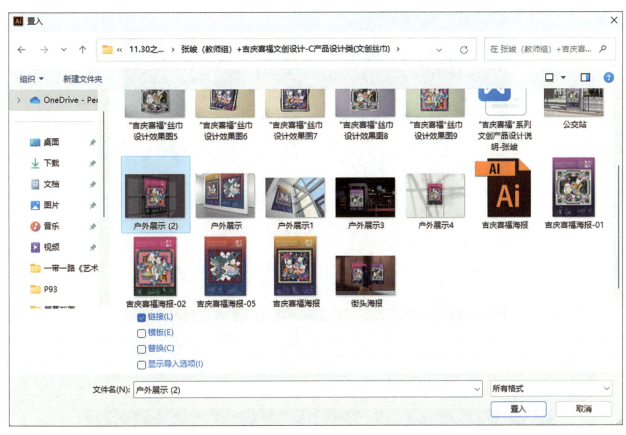

图 6-35

3）置入后的图像如图 6-36 所示。

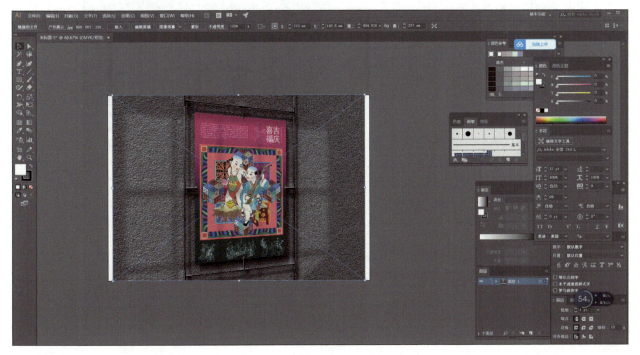

图 6-36

> 📁 **技巧**
>
> 　　置入的图像一定是位图的格式，如 TIF、JPG、PSD、GIF、BMP、PDF 等，AI 格式的图像一定要从"文件"中已打开的方式打开，这是初学者容易混淆的事情。

4)置入后图像的最终效果如图6-37所示。

图 6-37

4. 文件的导出

1)执行"文件"→"导出"→"导出为"命令,如图6-38所示。

图 6-38

2)弹出"导出"对话框,"保存类型"选择"JPEG"格式,文件名为"户外展示",单击"导出"按钮,如图6-39和图6-40所示。

3)在"JPEG选项"中选择图像的颜色模型为"RGB",品质为"10",分辨率为"高(300ppi)",如图6-41所示。

4)作品最终效果如图6-42所示。

项目6 字母文字和企业标识制作

图 6-39

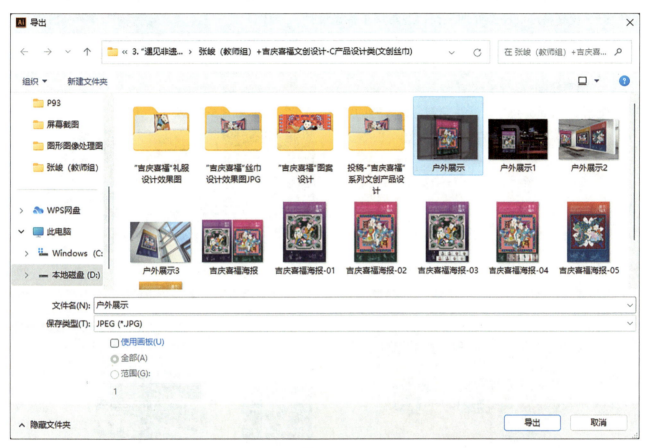

图 6-40

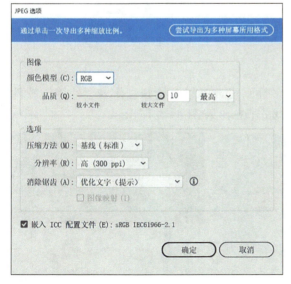

图 6-41

图 6-42

157

四、Illustrator 在设计领域中的应用

下面介绍 Illustrator 软件在不同领域中的应用和发展趋势，即在平面设计、图形绘制、文字与版式的设计制作、插图绘制、UI 图标制作等领域的应用与发展特征。

1. 平面设计

Adobe Illustrator 是 Adobe 公司推出的一款基于工业标准矢量的图形制作软件，其能够准确、快速地制作出黑白或者彩色的图形，同时还具有强大的图像和文字处理功能，能够为相关的艺术设计提供较高精度的图像处理工作，通常用于标志设计、字体设计、专业插图、印刷出版、多媒体图像与处理以及互联网页面制作等内容，如图 6-43 所示。

图　　6-43

2. 图形绘制

应用 Illustrator 可以设计并绘制各种各样的图形，如图 6-44 和图 6-45 所示。

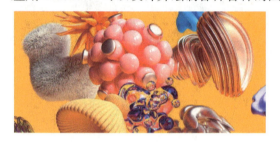 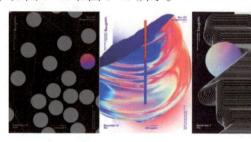

图　　6-44　　　　　　　　　　　　　图　　6-45

3. 文字与版式的设计制作

文字与版式一直是设计的重要元素，也是传达品牌强烈信息的手段。使用 Illustrator 软件设计制作的文字与版式示例如图 6-46 和图 6-47 所示。

图　　6-46　　　　　　　　　　　　　图　　6-47

4. 插图绘制

Illustrator 具有良好而强大的绘画与调色功能，所以许多插画设计师以及绘画制作者会使用该软件来绘制插画。结合数位板可以创作出非常精彩的艺术作品，如图 6-48 和图 6-49 所示。

 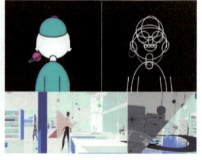

图　　6-48　　　　　　　　　　　　　图　　6-49

5. UI 图标制作

很多设计师喜欢使用 Illustrator 软件创作出图形精美、形式多样、色彩绚丽，具有很强的时代感的 UI 图标，如图 6-50 所示。

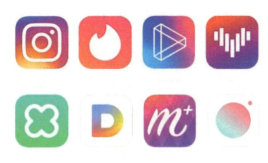

图 6-50

在学习 Illustrator 的基础知识和操作技巧的同时，要加强文化素养的培养，提升艺术感受力，加强对艺术设计的理解能力。

> **总结与拓展**
>
> 本节内容主要介绍了 Illustrator 工作环境、基础知识以及文件的基本操作，加深对 Illustrator 软件基础知识的了解和掌握。与此同时，也介绍了该软件在设计领域中的应用和未来发展趋势。

任务1　字母文字制作

扫一扫
查看操作视频

本任务主要学习制作字母文字，讲述其基本概要和制作思路，掌握相关基础知识，了解和掌握几何图形工具组、钢笔工具组、颜色面板、编辑面板以及控制面板等的使用技巧。

●●● 任务分析

本任务主要运用了工具箱中的"选择"工具▶、"矩形"工具▢、"钢笔"工具✒、"直接选择"工具▷、"镜像"工具◁▷，然后结合"视图"里的标尺、参考线，配合"面板"工具中的"对齐"面板、"路径查找器"面板、"颜色"面板、"色板"面板来完成任务的制作，最终效果如图 6-51 所示。

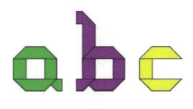

图 6-51

●●● 任务实施

1）启动 Illustrator CC 界面，新建一个空白页面，尺寸为 297mm×210mm，出血线为 3mm，如图 6-52 所示。

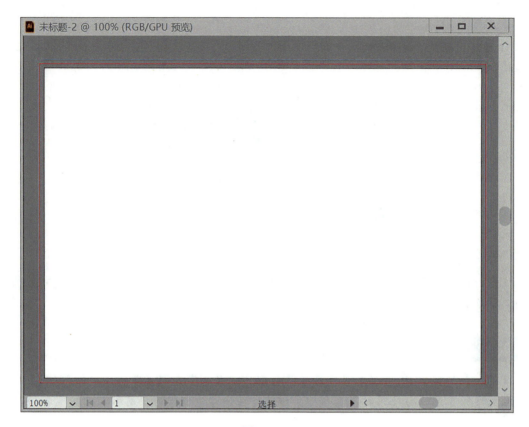

图 6-52

2）执行"菜单"→"视图"→"标尺"→"显示标尺"命令，并执行"菜单"→"视图"→"参考线"→"显示参考线"命令，单击工具箱中的"矩形"工具绘制矩形。同时对矩形进行填充和描边，把前景色设置为绿色，线框设置为黑色，如图 6-53 ～图 6-55 所示。

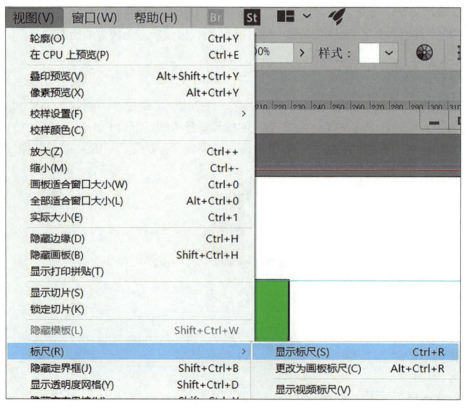

图 6-53

项目6 字母文字和企业标识制作

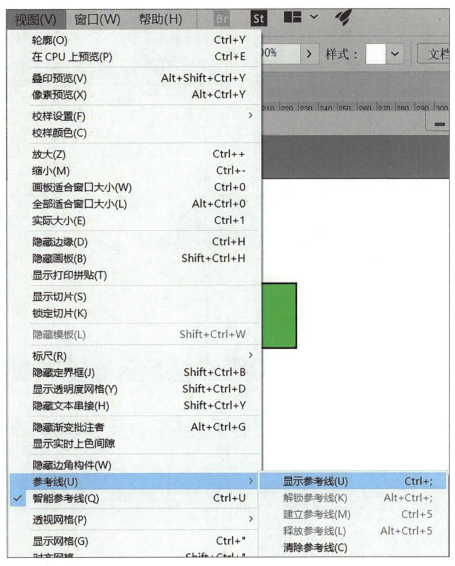

图 6-54

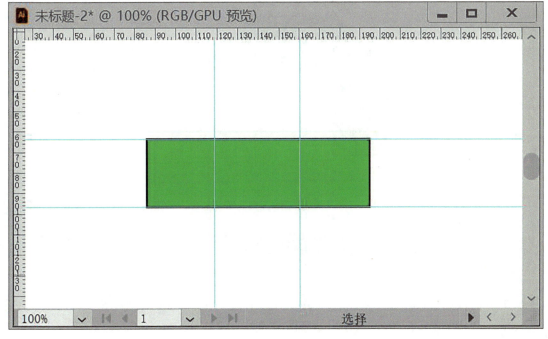

图 6-55

3）单击"直接选择"工具 ，依据参考线，编辑矩形的 4 个节点，得到梯形，如图 6-56 所示。

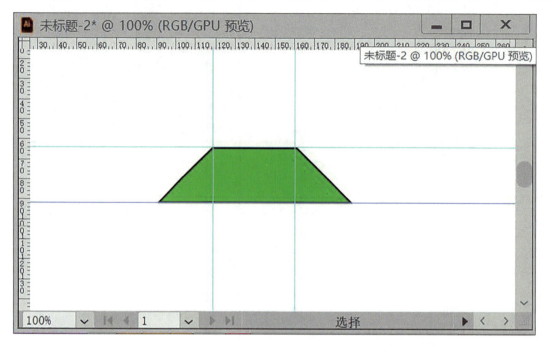

图 6-56

4）单击"矩形"工具 ，继续绘制矩形，从左侧拉出两条参考线，矩形的宽度以等边梯形下面的线条宽度为依据，如图 6-57 所示。

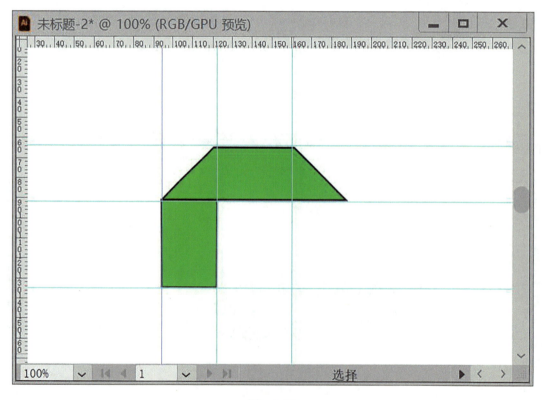

图 6-57

5）单击矩形，按住 <Alt> 键，复制这个矩形，分别按 <Ctrl+C> 和 <Ctrl+V> 组合键，平行移动后得到另一个相同大小和颜色的矩形，放置到等边梯形的另一边，如图 6-58 所示。

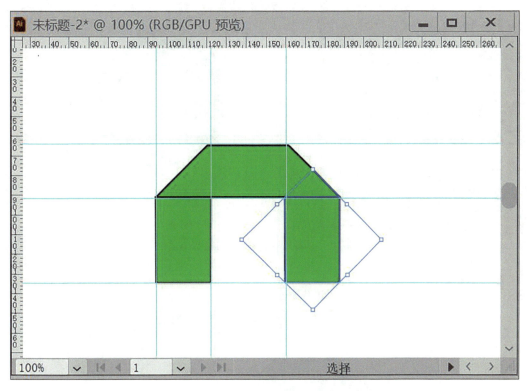

图 6-58

6)单击等边梯形,按住<Alt>键,复制这个等边梯形,分别按<Ctrl+C>和<Ctrl+V>组合键,向下移动后得到另一个相同大小和颜色的矩形,放置到下边,如图6-59所示。

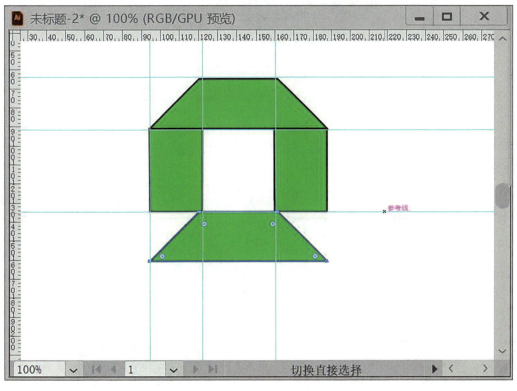

图 6-59

7)使用"镜像"工具，水平翻转下面的等边梯形,如图6-60和图6-61所示。

图 6-60

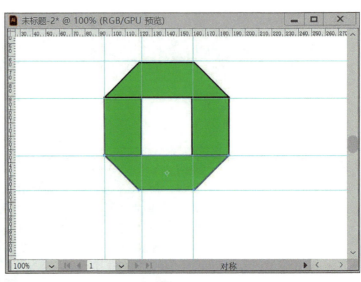
图 6-61

8)使用"钢笔"工具 绘制梯形,如图 6-62 所示。

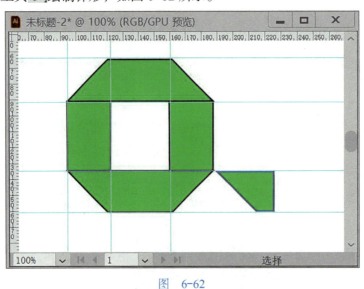
图 6-62

9)移动梯形到合适的位置,右击并执行"排列"→"置于底层"命令,完成字母 a 的绘制,如图 6-63 和图 6-64 所示。

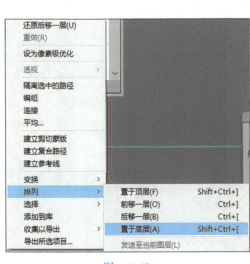
图 6-63

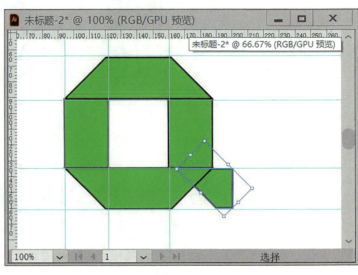
图 6-64

10）重复字母 a 的制作方法，制作字母 b，颜色填充为紫色，如图 6-65 所示。

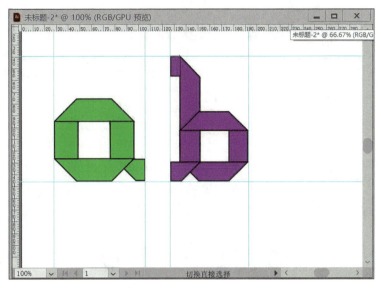

图 6-65

11）同理制作出字母 c，颜色填充为黄色，如图 6-66 所示。
12）整体调整三个字母图形的位置，最终效果如图 6-67 所示。

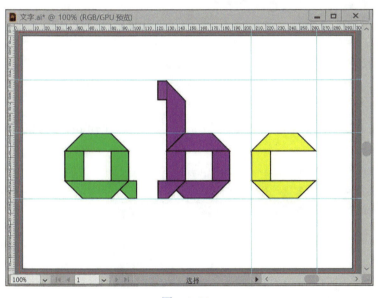

图 6-66

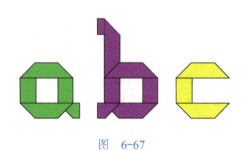

图 6-67

●●● 任务评价与拓展

● 评分标准

灵活应用工具的能力（30%）	再现画面的能力（30%）	艺术表现（20%）	质量与熟练度（20%）

把本任务重新制作一遍，回忆和记录制作流程，复习已学过的命令、菜单、面板、快捷键等知识，熟练掌握制作方法和技巧。制作以下字母文字，如图 6-68 所示。

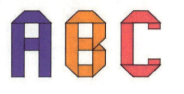

图 6-68

任务2 企业标识制作

本任务主要学习制作企业标识，讲述其基本概要和制作思路，了解和掌握图形绘制工具组、文字工具、渐变工具，以及颜色面板和渐变面板的使用技巧。

●●● 任务分析

本任务主要运用了工具箱中的"椭圆"工具◯，"多边形"工具⬡，"文字"工具T，"渐变"工具▢，"直接选择"工具▷，然后结合视图里的标尺、参考线，配合"面板"工具中的"对齐"面板、"路径查找器"面板、"颜色"面板、"渐变"面板来完成任务的制作，最终效果如图6-69所示。

图 6-69

●●● 任务实施

1）启动 Illustrator CC 界面，新建一个空白页面，尺寸为297mm×210mm，出血线为3mm，如图6-70所示。

图 6-70

2）执行"菜单"→"视图"→"标尺"→"显示标尺"命令，并执行"菜单"→"视图"→"参考线"→"显示参考线"命令,单击工具箱中的"椭圆"工具,按住<Shift>键绘制正圆形。同时,填充前景色为红色,线框设置为无色,如图 6-71 和图 6-72 所示。

图 6-71

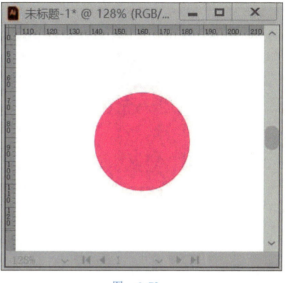

图 6-72

3)单击正圆形,按住<Alt>键复制正圆形,得到另一个大小相同的正圆形,填充为黄色,如图 6-73 所示。

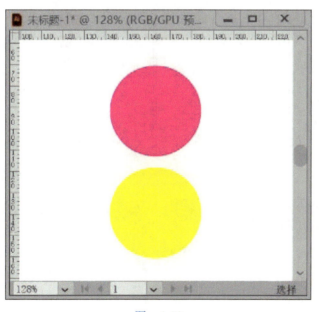

图 6-73

4)单击红色正圆形,右击并放置到黄色正圆形的下面一层,按住<Shift>键放大到合适大小,然后选择"对齐"工具,使两个正圆形向中心重叠,从标尺处拉出两条参考线,确定两个正圆形重叠后的宽度,如图 6-74 和图 6-75 所示。

5)调出"路径查找器"面板,同时选中两个正圆形,单击"路径查找器"面板中的"减去顶层"按钮,得到正圆环,如图 6-76 和图 6-77 所示。

6)选择"矩形"工具,设置前景色为白色,描边为黑色,绘制一个合适大小的矩形,覆盖到正圆环上的合适位置,然后继续选择并单击"路径查找器"面板中的"减去顶层"按钮,如图 6-78 所示,得到如图 6-79 所示的图形。

图形图像处理

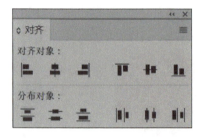

图 6-74

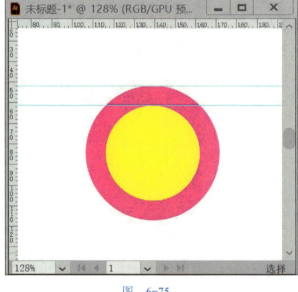

图 6-75

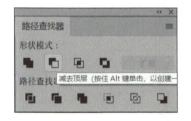

图 6-76

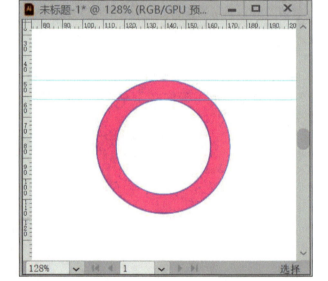

图 6-77

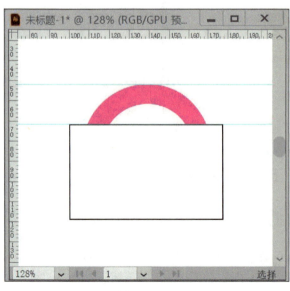

图 6-78

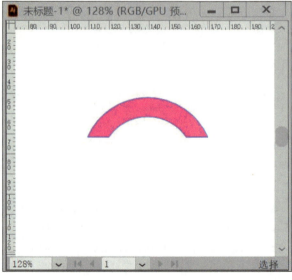

图 6-79

— 168 —

7)使用"渐变"工具,在"渐变"面板单击小三角形滑块,调整半圆环的颜色,"类别"选择"线性",得到所需渐变效果,如图 6-80~图 6-83 所示。

8)单击半圆环,按住 <Alt> 键后按住 <Shift> 键,复制一个半圆环并下移到合适位置,如图 6-84 所示。使用"镜像"工具,得到如图 6-85 所示的效果。在"镜像"面板中,"轴"选择"水平",并勾选"预览",如图 6-86 所示。

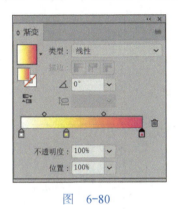

图 6-80

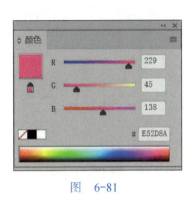

图 6-81

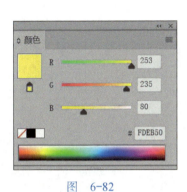

图 6-82

图 6-83

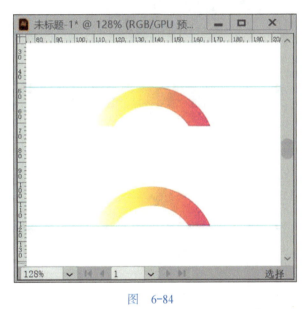

图 6-84

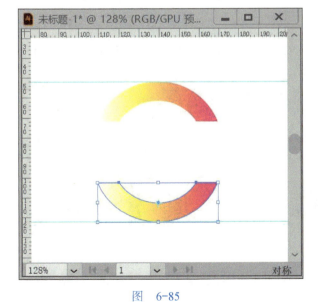

图 6-85

图 6-86

9）选中下面的半圆环，继续使用"镜像"工具，"轴"设置为"垂直"，如图6-87所示，得到如图6-88所示的效果。

10）选择"多边形"工具 ，设置"边数"为3，如图6-89所示，得到一个三角形，放置到合适位置，颜色填充为黄色，描边为黑色，如图6-90所示。

11）同理制作另一个三角形，颜色填充为红色，描边为黑色，如图6-91所示。

图 6-87

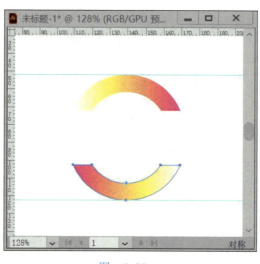
图 6-88

图 6-89

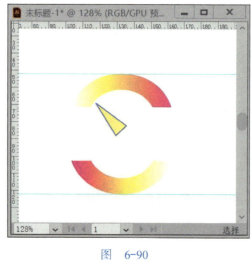
图 6-90

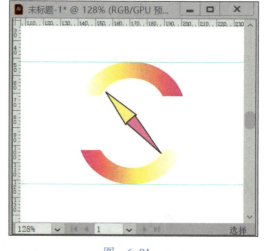
图 6-91

12）选择"文字"工具 ，分别打出4个字母，在"对齐"面板中设置"对齐对象"为"水平居中对齐"，如图6-92所示，得到如图6-93所示的效果。

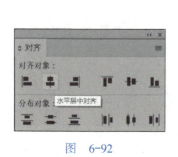
图 6-92

图 6-93

13）使用"椭圆"工具绘制一个正圆形，颜色填充为红色，复制一个相同大小的正圆形，颜色填充为黄色，将其叠放到红色正圆形上面，然后在"对齐"面板中设置"对齐对象"为"垂直居中对齐"，如图6-94所示，得到效果如图6-95所示。

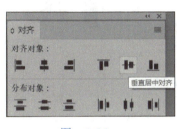
图 6-94

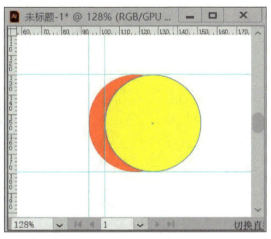
图 6-95

14）全选红色和黄色这两个正圆形，在"路径查找器"面板中选择"减去顶层"按钮，如图6-96所示，得到如图6-97所示效果。

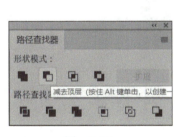
图 6-96

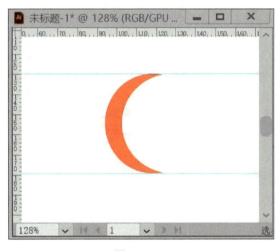
图 6-97

15）在"渐变"面板中选择"类型"为"径向"，如图6-98所示。"颜色"面板设置如图6-99所示，得到如图6-100所示效果。

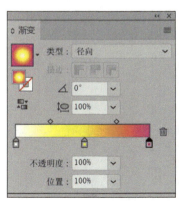
图 6-98

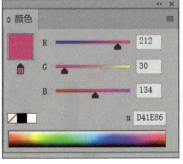
图 6-99

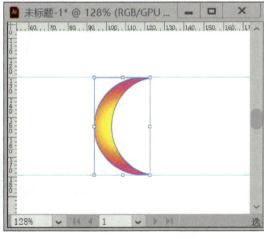
图 6-100

16）复制此图形，按住 <Alt> 键并移动，得到复制后的图形。将两个图形的大小和 a、l 字母的大小调整相匹配，放置到合适位置，在"对齐"面板中设置"对齐对象"为"垂直居中对齐"，如图 6-101 所示，得到如图 6-102 所示的效果。

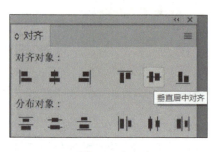

图 6-101

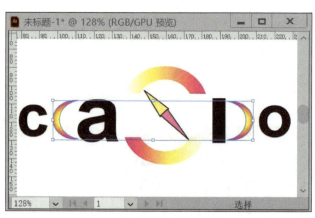

图 6-102

17）同理复制 2 个此图形并调节大小，和字母 C、O 的大小相匹配。在"对齐"面板设置"对齐对象"为"垂直居中对齐"，效果如图 6-103 所示。

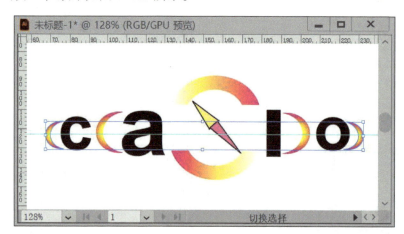

图 6-103

18）复制图形并调整颜色，最终效果如图 6-104 所示。

图 6-104

任务评价与拓展

● 评分标准

灵活应用工具的能力（30%）	再现画面的能力（30%）	艺术表现（20%）	质量与熟练度（20%）

把本任务重新制作一遍，回忆和记录制作流程，复习已学过的命令、菜单、面板、快捷键等知识，熟练掌握制作方法和技巧。制作以下字母文字，如图 6-105 所示。

图 6-105

项目小结

通过本项目的学习，了解了 Illustrator 的工作环境、基础知识，以及文件操作等相关知识；熟练掌握字母文字制作任务的制作思路和制作流程；熟练掌握企业标识制作任务的制作思路和制作流程。

Project 7

时尚插画制作

学习目标

★ 了解Illustrator中面板工具和基本工具的应用

★ 了解Illustrator中图层与蒙版的应用

★ 熟练掌握时尚人物插画制作任务的制作思路和制作流程

★ 熟练掌握时尚风景插画制作任务的制作思路和制作流程

★ 熟练掌握时尚元素插画制作任务的制作思路和制作流程

必备知识 面板工具与基本工具的应用

本节内容主要学习"对齐"面板、"外观"面板、"画笔"面板、"颜色"面板、"图层"面板、"路径查找器"面板、"颜色参考"面板、"描边"面板、"图形样式"面板、"色板"面板、"符号"面板、"透明度"面板、"字符"面板及"段落"面板的基础知识。

一、面板工具的应用

Illustrator CC 将面板缩小为图标，单击相应的图标，会显示出相关的面板。并不是所有的面板都会出现在屏幕上，可以通过"窗口"菜单下的命令调出或关闭相关的面板。下面简单介绍一下各个面板的功能。

1. "对齐"面板

"对齐"面板在面板缩略图中显示为 图标，单击该图标即可调出"对齐"面板。利用"对齐"面板可以将多个对象按指定方式对齐或分布，如图 7-1 所示。

2. "外观"面板

"外观"面板在面板缩略图中显示为 图标，单击该图标即可调出"外观"面板，如图 7-2 所示。"外观"面板中以层级方式显示了被选择对象的所有外观属性，包括描边、填充、样式、效果等，可以很方便地选择外观属性进行修改。

3. "画笔"面板

"画笔"面板在面板缩略图中显示为 图标，单击该图标即可调出"画笔"面板。画笔是用来装饰路径的，可以使用"画笔"面板来管理文件中的画笔，对画笔进行添加、修改、删除和应用等操作，如图 7-3 所示。

4. "颜色"面板

"颜色"面板在面板缩略图中显示为 图标，单击该图标即可调出"颜色"面板。可以在"颜色"面板中基于所选颜色模式来定义或调整填充色与描边色，也可以通过拖动滑块或输入数字来调整颜色，还可以直接选取色样，如图 7-4 所示。

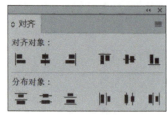
图 7-1

图 7-2

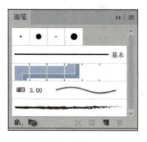
图 7-3

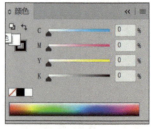
图 7-4

5. "图层"面板

"图层"面板在面板缩略图中显示为 图标，单击该图标即可调出"图层"面板。"图层"面板是用来管理层及图形对象的。"图层"面板显示了文件中的所有层及层上的所有对象，包括这些对象的状态（如隐藏与锁定）以及它们之间的相互关系等，如图 7-5 所示。

6. "路径查找器"面板

"路径查找器"面板在面板缩略图中显示为 图标，单击该图标即可调出"路径查找器"面板。利用"路径查找器"面板可以将多个路径以多种方式组合成新的形状。它包括"形状模式"和"路径查找器"两大类，如图 7-6 所示。

7. "颜色参考"面板

"颜色参考"面板在面板缩略图中显示为 图标，单击该图标即可调出"颜色参考"面板。利用

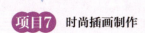

"颜色参考"面板可以对图稿着色,也可以将颜色存储为色板,如图7-7所示。

8. "描边"面板

"描边"面板在面板缩略图中显示为 图标,单击该图标即可调出"描边"面板。"描边"面板用来指定线条是实线还是虚线、虚线类型(如果是虚线)、描边粗细、描边对齐方式、斜接限制、箭头、宽度配置文件和线条连接的样式及线条端点,如图7-8所示。

图 7-5

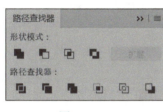
图 7-6

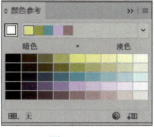
图 7-7

图 7-8

9. "图形样式"面板

"图形样式"面板在面板缩略图中显示为 图标,单击该图标即可调出"图形样式"面板。"图形样式"面板可以将对象的各种外观属性作为一个样式来保存,以便快速应用到对象上,如图7-9所示。

10. "色板"面板

"色板"面板在面板缩略图中显示为 图标,单击该图标即可调出"色板"面板。"色板"面板可以将调制好的纯色、渐变色和图案作为一种色样保存,以便于快速应用到对象上,如图7-10所示。

11. "符号"面板

"符号"面板在面板缩略图中显示为 图标,单击该图标即可调出"符号"面板。符号用来表现具有相似特征的群体,可以将Illustrator CC中绘制的各种图形对象作为符号来保存,如图7-11所示。

12. "透明度"面板

"透明度"面板在面板缩略图中显示为 图标,单击该图标即可调出"透明度"面板。"透明度"面板可用来控制被选择对象的透明度与混合模式,还可用来创建不透明度蒙版,如图7-12所示。

图 7-9

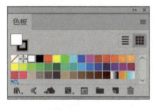
图 7-10

图 7-11

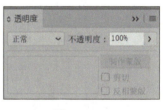
图 7-12

13. "字符"面板

"字符"面板在面板缩略图中显示为 图标,单击该图标即可调出"字符"面板。"字符"面板提供了格式化字符的各种选项(如字体、字号、行间距、字间距、字距微调、字体拉伸和基线移动等),如图7-13所示。

图 7-13

14. "段落"面板

"段落"面板在面板缩略图中显示为 图标,单击该图标即可调出"段落"面板。使用"段落"面板可对文字对象中的段落文字设置格式化选项,如图7-14所示。

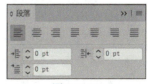
图 7-14

二、基本工具的应用

本任务主要学习基本工具的应用，包括文本工具、区域文字工具、路径文字工具以及字符和段落格式等。

1. 使用文本工具创建文本

使用 Illustrator CC 提供的文本工具可以创建出多种效果的文字对象。在工具箱中的文本工具组中共有 6 种文本工具，如图 7-15 所示。

- 文字工具：用来创建横排的文本对象。
- 区域文字工具：用于将开放或闭合的路径作为文本容器，并在其中创建横排的文本。
- 路径文字工具：用于将文字沿路径进行横向排列。
- 直排文字工具：用于创建竖排的文本对象。
- 直排区域文字工具：用于在开放或者闭合的路径中创建竖排的文本。
- 直排路径文字工具：用于将文本沿着路径进行竖向排列。

使用工具箱中的文字工具和直排文字工具均可在图形窗口中直接输入所需要的文字内容，其操作方法是一样的，只是文本排列的方式不一样。使用两种工具输入文字的方式有两种：一种是按指定的行进行输入；另一种是按指定的范围进行输入。

使用文字工具直接输入如图 7-16 所示的文字，其具体操作步骤如下：

1）选择工具箱中的文字工具或直排文字工具，然后将光标移动到图形窗口中。

2）在图形窗口中在需要输入文字的位置单击鼠标左键，确定插入点，此时插入点将会出现闪烁的文字插入光标。

3）选择一种输入法，即可开始输入文字，在输入文字时，光标的显示形状如图 7-17 所示。

4）在文字输入完成后，选择工具箱中的选择工具或按 <Ctrl+Enter> 组合键，确认输入的文字。

图 7-15　　　　　　图 7-16　　　　　　图 7-17

2. 使用区域文字工具创建区域文本

区域文本包括区域文字工具和直排区域文字工具两种，如图 7-18 和图 7-19 所示。创建区域文本的具体操作步骤如下：

1）在使用区域文本工具创建文本时，必须在视图中选取一个路径图形（该路径图形不能是复合路径、蒙版路径），然后在选中的图形上单击，就可以在所选对象的区域中输入文本对象了。

图 7-18　　　　图 7-19

2）如果需要改变区域文本框的形状，可以使用工具箱中的直接选择工具对文本框进行编辑和变形，而区域文本框中的文本也将会随着文本框的变形，并自行调整它们的排版格式以适应新的文本框形状。

3. 使用路径文字工具创建路径文本

路径文本包括路径文字工具和直排路径文字工具两种，如图 7-20 和图 7-21 所示。创建路径文本的具体操作步骤如下：

1）要创建一个路径文本，首先在视图中选取一个需要创建文本的路径对象，然后在工具箱中选中路径文字工具或直排路径文字工具，在所选路径对象上单击，就可以将路径图形转换为文本路径。接着所输入的文本将会沿着路径分布。

2）选中文本后，可以根据绘图的需要在路径上移动文本的位置。

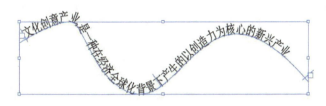

图 7-20　　　　　　　　　　　　　　　图 7-21

4. 设置字符、段落的格式

在创建了文本之后还可以设置这些文本的格式。Illustrator CC 中的文本包括 3 种属性：字符属性、段落属性和文字块属性。

（1）**使用区域文字工具创建区域文本**　字符格式包括字体、字形、字号、行距、字距、水平或者垂直缩放字符、基线偏移及颜色等。通过"字符"面板可以完成这些设置，调出"字符"面板的具体操作步骤如下：

1）执行菜单中的"窗口"→"文字"→"字符"命令，即可调出"字符"面板。

2）此时，"字符"面板的显示并不完整。单击"字符"面板右上角的三角形，从弹出的菜单中选择"显示选项"命令，即可显示出完整的"字符"面板，如图 7-22 所示。

图 7-22

（2）**设置段落格式**　段落格式包括文本对齐、段落缩进、单词间距和字母间距的设置，以及其他的一些选项。通过"段落"面板可以完成这些设置，调出"段落"面板的具体操作步骤如下：

1）执行菜单中的"窗口"→"文字"→"段落"命令，即可调出"段落"面板。

2）此时，"段落"面板的显示并不完整，单击"段落"面板右上角的三角形，从弹出的菜单中选择"显示选项"命令，即可显示出完整的"段落"面板，如图 7-23 所示。

图 7-23

（3）**将文字转换为路径**　在不同的计算机间进行交流协作时，为了防止因对方计算机不包含设计时使用的字体而造成的字体无法正常显示的情况出现，可以将文字转换为路径，从而就可以像编辑其他路径一样对其进行编辑。

执行菜单中的"文字"→"创建轮廓"命令，即可将文字转换为路径。图 7-24 所示为转换为路径前的文字效果，图 7-25 所示为转换为路径后的文字效果。

文化创意产业是核心的新兴产业

图 7-24

文化创意产业是核心的新兴产业

图 7-25

（4）**图文混排**　在 Illustrator CC 中，可以使用文本绕图功能制作图文混排文件。图文混排的具体操作步骤如下：

1）将一个图像对象置于文本框的上方，然后同时选中图像对象和文本框，如图 7-26 所示。

2）执行菜单中的"对象"→"文本绕排"→"建立"命令，效果如图 7-27 所示。

图 7-26

3）如果对文字和图像之间的距离进行调整，可以执行菜单中的"对象"→"文本绕排"→"文本绕排选项"命令，在弹出的对话框中输入相应的数值，将位移由原来的 6pt 改为 20pt，然后单击"确定"按钮，如图 7-28 和图 7-29 所示。

图　7-27　　　　　　　　　　图　7-28　　　　　　　　　　图　7-29

总结与拓展

本节内容介绍了面板工具和基本工具的应用等相关知识，请自行练习并掌握面板工具、基本工具的使用技巧，加深对相关知识的理解。

必备知识　图层与蒙版的应用

当创建复杂的作品时，需要在绘图页面创建多个对象。由于各图形对象的大小可能不一致，会出现小图形隐藏在大图形下面的情况，这样选择和查看都很不便。此时，可以对图层进行某些编辑，如更改图层中图形的排列顺序，在一个父图层下创建子图层，在不同的图层之间移动图形，以及更改图层的排列顺序等。

一、"图层"面板

执行菜单中的"窗口"→"图层"命令，可以调出"图层"面板，通过它可以很容易地选择、隐藏、锁定及更改作品的外观属性等，并可以创建一个模板图层，以便在临摹作品或者从 Photoshop 中导入图层时使用，如图 7-30 所示。

图层名称：用于区分每个图层。

眼睛图标：用于设置显示或隐藏图层。

锁定图层：用于锁定图层，以避免错误操作。

建立 / 释放剪切蒙版：用于为当前图层中的图形对象建立或释放剪切蒙版。

创建子图层：单击该按钮，可在当前工作图层中创建新的子图层。

图　7-30

（1）**新建图层**　新建图层的具体操作步骤如下：

1）单击"图层"面板下方的 ▇ 按钮，创建新图层，系统会自动创建一个透明的图层，并处于被选择状态，此时可以在该图层中创建对象。

2）如果要在创建图层时设置图层的属性，可以单击"图层"面板右上方的按钮，在弹出的快捷菜单中选择"新建图层"命令，此时会弹出"图层选项"对话框，如图 7-31 和图 7-32 所示。

图 7-31

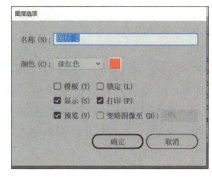

图 7-32

3）在"图层选项"对话框中，"模板"复选框用于设置是否产生模板层，模板层是不可修改的图层，只能在 Illustrator 文件中显示，不能用于打印和输出；"锁定"复选框用于设置是否锁定当前图层；"显示"复选框用于设置图层的可视性；"打印"复选框用于设置是否打印；"预览"复选框用于控制图层是处于预视状态还是处于线条稿状态；"变暗图像至"复选框用于设置层中的图形淡化，淡化程度由该选项后的数值确定。

（2）**显示和隐藏图层**　在"图层"面板中可以看到每一层前面都有一个眼睛图标，代表层的可视性。单击眼睛图标，可隐藏该图层中的图形对象；再次单击眼睛图标，可显现该图层中的图形对象，如图 7-33 和图 7-34 所示。

（3）**锁定图层**　如果对一个层中的图形修改完毕，为了避免不小心更改其中的某些信息，最好采用锁定图层的方法，如图 7-35 所示。锁定图层的具体操作步骤如下：

1）单击"图层"面板眼睛和层之间的一个空方格，即会出现一个图标，表示此图层被锁定。在解锁之前，既不能编辑此层中的物体，也不能在此层中增加其他元素。

2）如果想对图层解锁，可再次单击图标，使图标隐去，此时就可以对此层及此层中的物体进行编辑了。

图 7-33

图 7-34

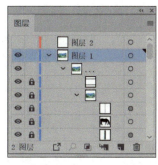

图 7-35

（4）**选择、复制和删除图层**　选择、复制和删除图层的具体操作步骤如下：

1）选择图层。直接在"图层"面板的图层名称上单击，此时该图层会呈高亮度显示，并在名称后会出现当前图层指示器 ◎ ▪，表明该图层是活动的，如图 7-36 所示。

2）复制图层。选择并拖动图层到"图层"面板下方的 ▪ 按钮上。

3）删除图层。选择并拖动图层到"图层"面板下方的 🗑 按钮上。

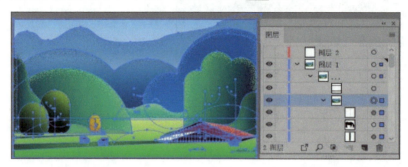

图 7-36

在"图层"面板中，可以对层施加外观属性，例如样式、效果及透明等。当外观属性被施加到组或者层中后，后增加的图形都会被赋予施加的外观属性，这就是效果定制。

图层右边的图标表明了是否被施加外观属性或者是否执行了效果定制。

◎：表明图层还没有施加外观属性或者执行效果定制命令。

◉：表明图层施加了外观属性或者执行了效果定制命令。

◎：表明图层已经执行了效果定制命令，但是还没有施加外观属性。

> **总结与拓展**
>
> 本节内容介绍了图层与蒙版的应用等相关知识，请自行练习以掌握使用技巧，加深对相关知识的理解。

任务1　时尚人物插画制作

扫一扫
查看操作视频

本任务主要学习时尚人物插画的制作，讲述其基本概要和制作思路，掌握相关基础知识，了解和掌握旋转工具组、矩形工具组、椭圆面板、钢笔工具组以及镜像工具等的使用技巧。

●●● 任务分析

本任务主要运用了工具箱中的"旋转"工具 ⟲、"矩形"工具 ▭、"椭圆"工具 ◯、"钢笔"工具组 ✒、"直接选择"工具 ▷、"吸管"工具 ✏、"镜像"工具 ▷◁、"混合"工具 ◔，然后结合文件菜单、编辑菜单、选择菜单、对象菜单、视图菜单、窗口菜单，配合编辑面板组、图层面板组、调色面板组，来完成任务的制作，最终效果如图 7-37 所示。

图 7-37

任务实施

1）启动 Illustrator CC 界面，新建一个空白页面，页面尺寸为 330mm×170mm，出血线为 3 mm，如图 7-38 所示。

图　7-38

2）调出"图层"面板，在空白新层上为绘制人物轮廓做准备，设置前景色为无，线框为黑色，调出"描边"面板，设置描边粗细数量为 1pt。接下来，选择工具箱里的"矩形"工具，绘制人物身体、手臂和手，使用"椭圆"工具绘制人物头部、脸部和五官等，用"钢笔组"工具绘制头部、五官的弧线，用"直接选择"工具编辑路径，得到人物的主体轮廓，如图 7-39 ～图 7-42 所示。

图　7-39　　　　图　7-40　　　　图　7-41　　　　图　7-42

3）用"圆角矩形"工具绘制合适大小的圆角矩形，画出围巾和水杯，前景色填充灰白色，描边填充为黑色。使用"直线段"工具和"钢笔"工具，设置描边粗细为 3pt，虚线为 12pt，勾勒出人物脸上的线段式胡须，再设置描边粗细为 4pt，结合"旋转"工具，设置角度为 45°，绘制手套上的雪花图形，绘制水杯里的水波纹，如图 7-43 ～图 7-46 所示。

图　7-43

4）单击"椭圆"工具，设置前景色为灰黑色，描边为无，按住 <Shift> 键绘制正圆形。按住 <Alt> 键，在和第一个点间隔一定距离的位置复制另一个正圆形，使用"混合"工具分别单击第一个点和第二个点，制作出一条点状的线，按住 <Alt> 键，复制出另一条点状线，按 <Ctrl+D> 组合键，等距复制出几组线，然后全选按 <Ctrl+G> 组合键，建立编组，如图 7-47 ～图 7-49 所示。

  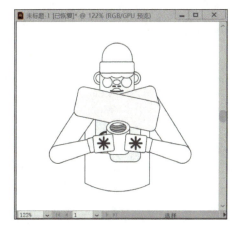

图　7-44　　　　　　　图　7-45　　　　　　　图　7-46

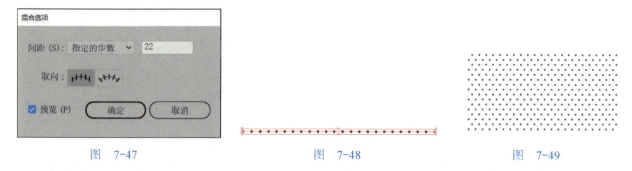

图 7-47　　　　　　　　图 7-48　　　　　　　　图 7-49

5）绘制矩形，放置在点状长方形之上，全选这两个图形，右击建立剪切蒙版，然后将点状长方形放置到围巾上，效果如图 7-50～图 7-52 所示。

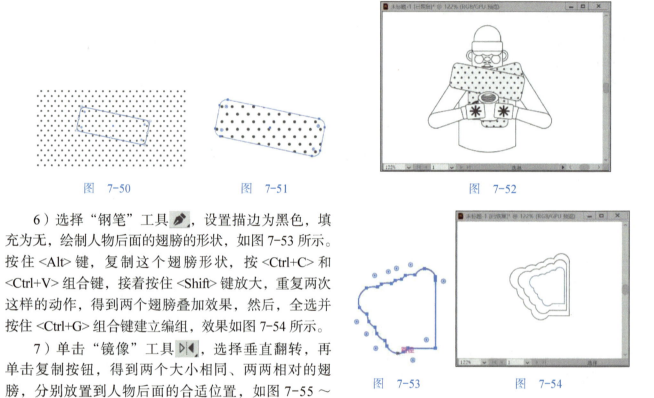

图 7-50　　　　　　图 7-51　　　　　　　　　　图 7-52

6）选择"钢笔"工具，设置描边为黑色，填充为无，绘制人物后面的翅膀的形状，如图 7-53 所示。按住 <Alt> 键，复制这个翅膀形状，按 <Ctrl+C> 和 <Ctrl+V> 组合键，接着按住 <Shift> 键放大，重复两次这样的动作，得到两个翅膀叠加效果，然后，全选并按住 <Ctrl+G> 组合键建立编组，效果如图 7-54 所示。

7）单击"镜像"工具，选择垂直翻转，再单击复制按钮，得到两个大小相同、两两相对的翅膀，分别放置到人物后面的合适位置，如图 7-55～图 7-57 所示。

图 7-53　　　　　　图 7-54

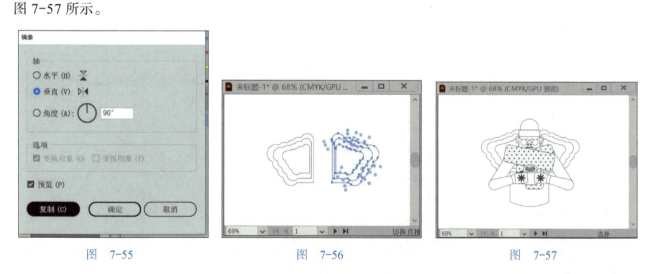

图 7-55　　　　　　　　图 7-56　　　　　　　　图 7-57

8）应用"钢笔"工具和"椭圆"工具，绘制一个正圆形的花瓣图形，复制这个花瓣图案，按 <Ctrl+C> 和 <Ctrl+V> 组合键，按住 <Shift> 键等比例缩小，放置在正圆形花瓣中心位置，全选后调出

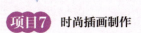

"对齐"面板,单击"水平居中对齐"和"垂直居中对齐"。然后,选择"混合"工具 ,在"混合选项"对话框中设置"间距"为"指定的步数",数量为2,如图7-58~图7-60所示,得到如图7-61所示的效果。放置到人物头顶后面的中心位置,如图7-62所示。

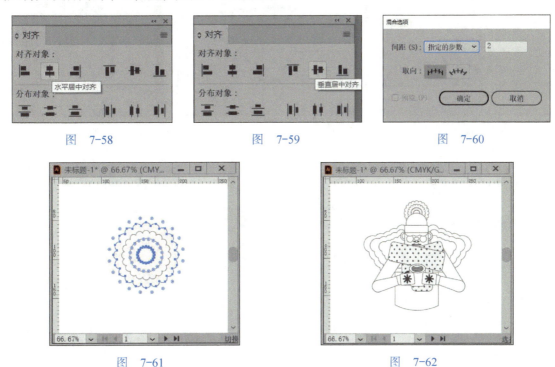

图 7-58　　　　　　　图 7-59　　　　　　　图 7-60

图 7-61　　　　　　　　　　　　图 7-62

9）同理制作点状长方形图案,右击执行"排列"→"置于底层"命令,绘制一个正圆形黑框,与点状长方形图案重叠放置。框选两个图形并按住<Ctrl+G>组合键建立编组,放置到人物图形的最下面一层,如图7-63~图7-68所示。

10）整理完成人物插画的线稿图,开始填色工作,建立"颜色组1",使用"吸管"工具和"颜色"面板,把需要的颜色放置到"颜色组1"中,新建"图层2",在这一层进行颜色的填充,为人物的头、脸、五官、身体、手臂等填充颜色,如图7-69~图7-71所示。

11）同理建立"颜色组2",使用"吸管"工具和"颜色"面板,把需要的颜色放置到"颜色组2"中,新建"图层3",为帽子花纹、围巾花纹、手套花纹、水杯等填充颜色,如图7-72~图7-74所示。

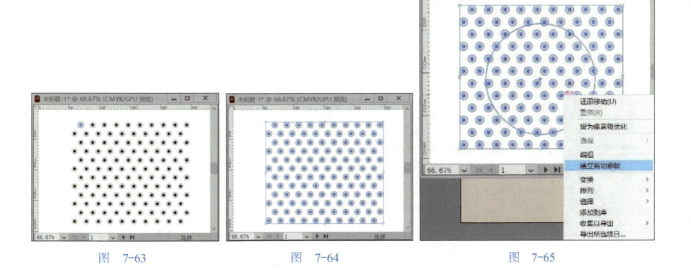

图 7-63　　　　　　　图 7-64　　　　　　　图 7-65

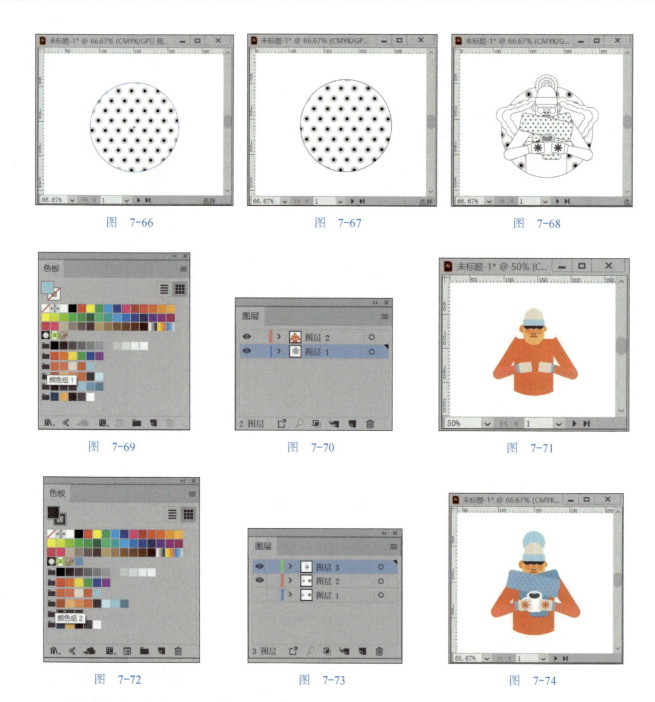

图 7-66　　　　　　　图 7-67　　　　　　　图 7-68

图 7-69　　　　　　　图 7-70　　　　　　　图 7-71

图 7-72　　　　　　　图 7-73　　　　　　　图 7-74

12）接着新建"颜色组3"，使用"吸管"工具和"颜色"面板，把需要的颜色放置到"颜色组2"中，新建"图层4"，为翅膀、背景图形等填充颜色，如图7-75～图7-77所示。

图 7-75　　　　　　　图 7-76　　　　　　　图 7-77

项目7 时尚插画制作

13）绘制一个矩形，大小与画面同等大小，填充背景颜色，把线稿图和填充颜色稿放置在画面上，调整画面，得到最终效果如图 7-78 所示。

图 7-78

● ● ● **任务评价与拓展**

● 评分标准

灵活应用工具的能力（30%）	再现画面的能力（30%）	艺术表现（20%）	质量与熟练度（20%）

把本任务重新制作一遍，复习已学过的命令、菜单、面板、快捷键等知识，熟练掌握制作方法和技巧。

任务2 时尚风景插画制作

扫一扫
查看操作视频

本任务主要学习时尚风景插画的制作，通过具体的制作过程，了解和掌握渐变工具、画笔工具、网格、钢笔工具、直接选择工具以及吸管工具等的使用技巧。

● ● ● **任务分析**

本任务主要运用了工具箱中的"渐变"工具 、"画笔"工具 、"网格"工具 、"钢笔"工具组 、"直接选择"工具 、"吸管"工具 、"比例缩放"工具 ，然后结合文件菜单、编辑菜单、选择菜单、对象菜单、视图菜单、窗口菜单，配合编辑面板组、图层面板组、调色面板组，来完成时尚风景插画的制作，最终效果如图 7-79 所示。

图 7-79

●●● 任务实施

1）启动 Illustrator CC 界面，新建一个空白页面，尺寸为 450mm×250mm，出血线为 3mm，如图 7-80 所示。

2）调出"图层"面板，在空白的"图层 1"上为绘制风景轮廓做准备，设置前景色为无，线框为黑色。调出"描边"面板，设置描边粗细数量为 0.5pt。接下来，选择工具箱里的"钢笔"工具组，绘制远山的轮廓路径，用"直接选择"工具编辑路径，得到风景远山的主体轮廓，如图 7-81～图 7-83 所示。

图　7-80

图　7-81

图　7-82

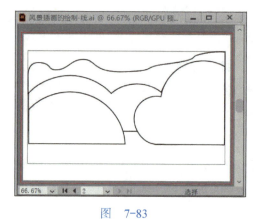

图　7-83

3）新建"图层 3"，在工具箱中选用"钢笔"工具组 ，设置前景色为无，描边填充为黑色，设置描边粗细数量为 2pt，绘制风景里的树群，如图 7-84～图 7-86 所示。

图　7-84

图　7-85

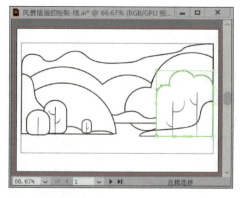

图　7-86

4）新建"图层 4"，使用"钢笔"工具，设置描边粗细数量为 0.25pt，设置前景色为无，描边为黑色，绘制风景里的小屋、马。使用"画笔"工具，设置描边粗细数量为 0.25pt，设置画笔属性为"书法 1"，绘制远处的飞燕，如图 7-87 和图 7-88 所示。至此，风景插画的线稿图绘制完成，效果如图 7-89 所示。

5）接下来开始填色工作，使用"吸管"工具、"颜色"面板，添加天空、远山所需的颜色到"颜色"面板中。新建图层 5 进行远山渐变颜色的填充，如图 7-90～图 7-101 所示。

项目7 时尚插画制作

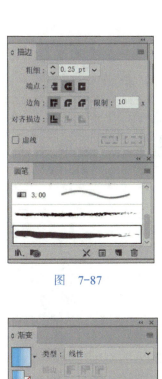
图 7-87

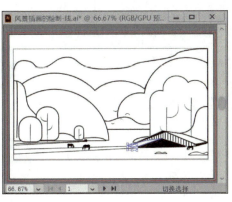
图 7-88

图 7-89

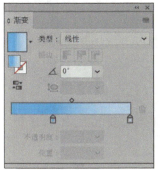
图 7-90

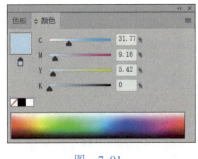
图 7-91

图 7-92

图 7-93

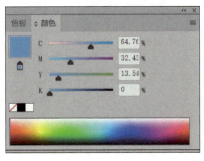
图 7-94

图 7-95

图 7-96

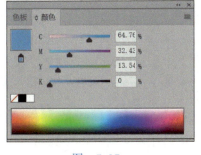
图 7-97

图 7-98

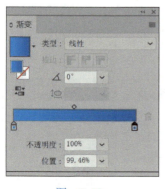 

图 7-99　　　　　　　　图 7-100　　　　　　　　图 7-101

6）建立新的渐变面板"新建渐变色板1"，在色板中添加所需的颜色，在"图层5"继续进行远山渐变颜色的填充，注意远山的层次感和颜色的渐变效果，如图7-102～图7-105所示。

7）同理新建"图层6"，使用"吸管"工具和"颜色"面板，把所需的颜色放置到"颜色组2"中，为树群、草地、屋子、近景物体等填充颜色，如图7-106～图7-108所示。

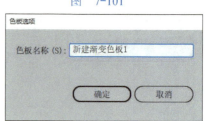

图 7-102

  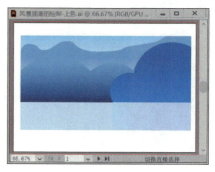

图 7-103　　　　　　　　图 7-104　　　　　　　　图 7-105

图 7-106　　　　　　　　图 7-107　　　　　　　　图 7-108

8）接下来，为风景画中的每一个物体添加"斑点画笔"描边。打开笔刷矢量文件，选择合适的点状笔刷效果，为每一个物体添加画笔描边，增强画面的气氛感，如图7-109～图7-111所示。

图 7-109　　　　　　　　图 7-110　　　　　　　　图 7-111

9）选择"矩形"工具，设置前景色为无，描边为黑色，绘制一个和画面一样大小的矩形框，放置在风景画的上面一层，将矩形框和风景画全部选中，右击建立剪切蒙版，如图 7-112 和图 7-113 所示。

图 7-112

图 7-113

10）最终效果，如图 7-114 所示。

图 7-114

●●● 任务评价与拓展

● 评分标准

灵活应用工具的能力（30%）	再现画面的能力（30%）	艺术表现（20%）	质量与熟练度（20%）

把本任务重新制作一遍，复习已学过的命令、菜单、面板、快捷键等知识，熟练掌握制作方法和技巧，巩固本课程所学知识。

任务3　时尚元素插画制作

●●● 任务分析

本任务主要运用了工具箱中的"几何图形组"工具、"组选择"工具、"符号"工具、"钢笔"工具，以及"画笔"面板、"符号"面板、"渐变"面板、"透明度"面板，结合面板工具中的"颜色填充"面板的操作，来完成时尚元素插画的制作，最终效果如图 7-115 所示。

●●● 任务实施

1）启动 illustrator CC 界面，新建一个空白页面，页面尺寸为 210mm×270mm，如图 7-116 和图 7-117 所示。

图 7-115

2）使用"矩形"工具绘制一个矩形。在"渐变"面板中设置"类型"为"线性","角度"为90°,"线框"为"无"。在"透明度"面板中设置"不透明度"为75%,如图7-118～图7-120所示。

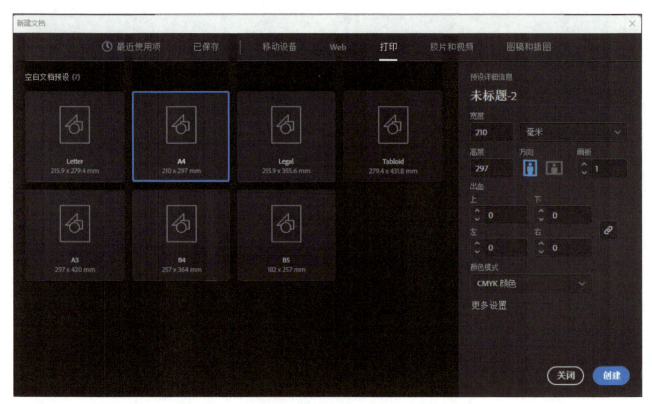

图 7-116

图 7-117　　　　图 7-118　　　　图 7-119　　　　图 7-120

3）单击"钢笔"工具,绘制远处风景的轮廓,在"渐变"面板中设置"类型"为"线性"设置"角度"为161.8°,在"透明度"面板中设置"不透明度"为75%,如图7-121～图7-123所示。

4）重复步骤3）的操作,在"渐变"面板中设置"类型"为"线性","角度"为-90°,在"透明度"面板中设置"不透明度"为70%,如图7-124～图7-126所示。

5）继续重复上述操作。在"渐变"面板中设置"类型"为"线性","角度"为90°,在"透明度"面板中设置"不透明度"为75%,如图7-127～图7-129所示。

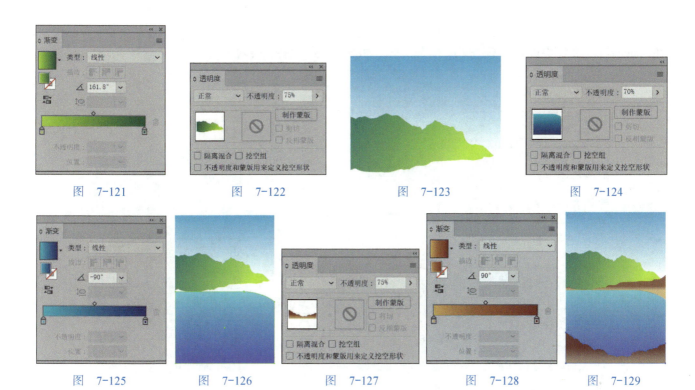

图 7-121　　　图 7-122　　　图 7-123　　　图 7-124

图 7-125　　　图 7-126　　　图 7-127　　　图 7-128　　　图 7-129

6）单击"符号喷枪"工具，启动"符号"面板，单击"鱼"符号绘制鱼群，如图 7-130～图 7-132 所示。

图 7-130　　　　　　　　图 7-131　　　　　　　　图 7-132

7）单击鱼群，执行"对象"→"扩展"命令，单击"编组选择"工具，启动"符号滤色器"工具，给局部的鱼群做滤色的操作，如图 7-133～图 7-138 所示。

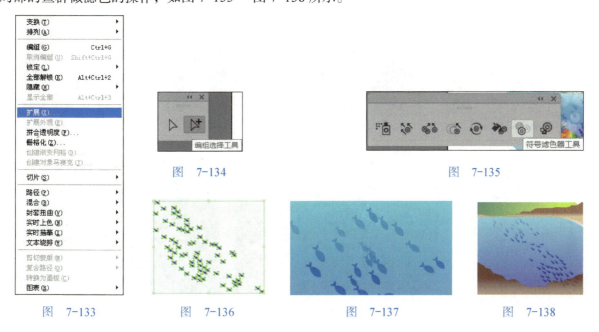

图 7-133　　　图 7-134　　　　　　　　　图 7-135

图 7-136　　　图 7-137　　　图 7-138

8)单击"钢笔"工具,画出水波的纹理。在"渐变"面板中设置"类型"为"线性","角度"为-90°,在"透明度"面板中设置"不透明度"为55%,如图7-139~图7-142所示。

图 7-139　　　　图 7-140

图 7-141　　　　图 7-142

9)单击"符号"工具,启动"符号"面板,选中"水泡"符号,绘制一组水泡。执行"对象"→"扩展"命令,单击"编组选择"工具,对水泡大小做调整,如图7-143~图7-146所示。

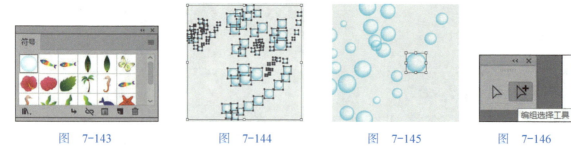

图 7-143　　　图 7-144　　　图 7-145　　　图 7-146

10)重复上述操作,单击"喷枪"工具,启动"符号"面板,单击"树"符号,单击"编组选择"工具,对每一棵树做调整。启动"透明度"面板,绘制出树丛的远近层次效果,如图7-147~图7-152所示。

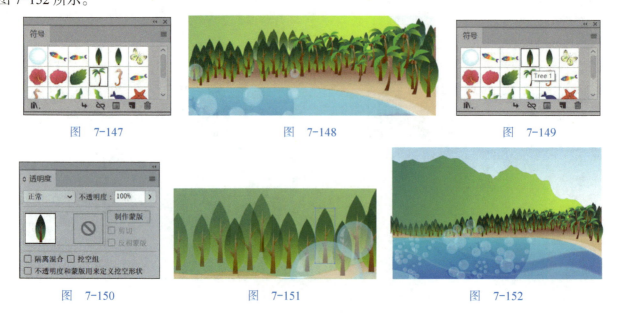

图 7-147　　　图 7-148　　　图 7-149

图 7-150　　　图 7-151　　　图 7-152

11）重复绘制"水泡"符号的操作，在图像的天空中绘制一组"水泡"，效果如图7-153所示。

12）单击"符号喷枪"工具。启动"符号"面板，选择"鱼"符号，绘制鱼群，执行"对象"→"扩展"命令，单击"编组选择工具"，对鱼的大小做调整。分别单击"符号移位器"工具、"符号紧缩器"工具、"符号螺旋器"工具，对鱼群进行编辑和调整，如图7-154～图7-162所示。

图 7-153

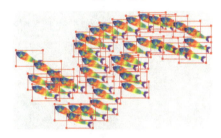

图 7-154　　　　　　图 7-155　　　　　　图 7-156

图 7-158　　　　　　图 7-159　　　　　　图 7-160

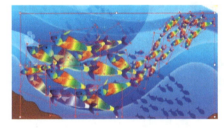

图 7-157　　　　　　图 7-161　　　　　　图 7-162

13）重复上述操作，单击"符号"面板，选择"符号移位器"工具、"符号紧缩器"工具、"符号螺旋器"工具、"符号滤色器"工具，对蝴蝶进行编辑和调整，如图7-163～图7-167所示。

14）重复上述操作，单击"符号"面板，选择"符号移位器"工具、"符号紧缩器"工具、"符号螺旋器"工具、"符号滤色器"工具，对叶子进行编辑和调整，如图7-168～图7-170所示。

图 7-163　　　　图 7-164　　　　图 7-165　　　　图 7-166

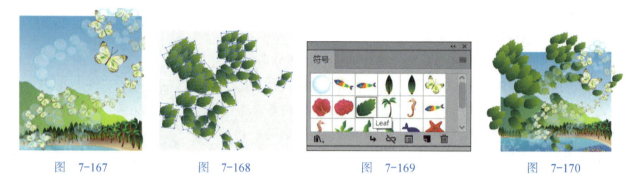

图 7-167　　　　　图 7-168　　　　　图 7-169　　　　　图 7-170

15）重复上述操作，完成对花的编辑和调整，如图 7-171～图 7-176 所示。

16）调整画面，得到如图 7-177 所示的效果。

 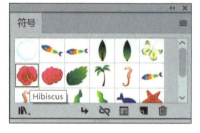

图 7-171　　　　　　　　　　　图 7-172

图 7-173

图 7-174　　　　图 7-175　　　　图 7-176　　　　图 7-177

17）单击"矩形"工具，绘制一大一小两个矩形，分别启动"对齐"面板和"路径查找器"面板完成矩形外框的绘制，颜色填充为"白色"，如图 7-178～图 7-181 所示。

18）将图像放置在白色矩形外框内，最终效果如图 7-182 所示。

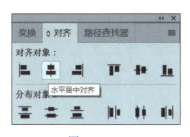
图 7-178

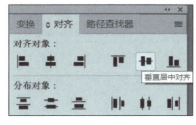
图 7-179

图 7-180

图 7-181

图 7-182

●●● 任务评价与拓展

● 评分标准

灵活应用工具的能力（30%）	再现画面的能力（30%）	艺术表现（20%）	质量与熟练度（20%）

把本任务重新制作一遍，复习已学过的命令、菜单、面板、快捷键等知识，熟练掌握制作方法和技巧。

项目小结

通过本项目的学习，了解 Illustrator 中面板工具和基本工具的应用；了解 Illustrator 中图层与蒙版的应用；熟练掌握时尚人物插画制作任务的制作思路和制作流程；熟练掌握时尚风景插画制作任务的制作思路和制作流程；熟练掌握时尚元素插画制作任务的制作思路和制作流程。

Project 8

项目8

文创产品与文化元素海报制作

学习目标

★ 熟练掌握文创产品制作任务的制作思路和制作流程

★ 熟练掌握文化元素海报制作任务的制作思路和制作流程

任务1 文创产品制作

本任务主要学习文创产品的构思与设计过程，通过具体的制作过程，了解和掌握混合工具组、矩形工具组、颜色渐变工具、钢笔工具组以及镜像工具等的使用技巧，配合各类型面板，完成本任务的制作。

任务分析

本任务是制作一个"兔爷"佐料罐，主要运用了工具箱中的"椭圆"工具、"矩形"工具、"钢笔"工具组、"直接选择"工具、"渐变"工具、"网格"工具、"选择"工具，然后结合文件菜单、编辑菜单、对象菜单、视图菜单、窗口菜单，配合颜色面板组、渐变面板、透明面板、描边面板组和图形编辑面板组，来完成任务的制作，最终效果如图 8-1 所示。

图 8-1

任务实施

1）启动 Illustrator CC，新建一个空白页面，页面尺寸为 210mm×297mm，方向为竖版，如图 8-2 和图 8-3 所示。

2）调出"图层"面板，在空白的"图层 1"上为绘制佐料罐的轮廓做准备，设置前景色为无，线框为黑色，调出"描边"面板，设置描边粗细数量为 1pt。接下来，选择工具箱里的"钢笔"工具组，绘制大的轮廓路径，用"直接选择"工具编辑路径，得到佐料罐的主体轮廓，效果如图 8-4 和图 8-5 所示。

图 8-2

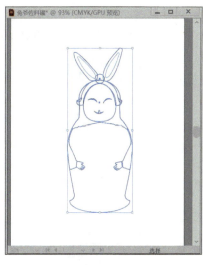

图 8-3　　　　　　　　　图 8-4　　　　　　　　　图 8-5

3）新建"图层2"，在工具箱中选用"钢笔"工具组，设置前景色为无，描边填充为黑色，设置描边粗细数量为0.5pt，绘制脸部、头部和身体的细节，如眉毛、眉心、脸颊红晕、嘴唇、兔耳朵等，以及"兔爷"身上的围巾、围裙和装饰花边等要素，如图8-6～图8-8所示。

图 8-6　　　　　　　　　图 8-7　　　　　　　　　图 8-8

4）新建"图层3"，用"钢笔"工具设置描边粗细数量为0.25pt，设置前景色为无，描边为黑色，绘制"兔爷"头巾的花纹，如图8-9～图8-11所示。至此，线稿图制作完成。

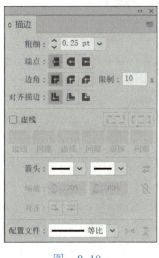

图 8-9　　　　　　　　　图 8-10　　　　　　　　 图 8-11

5）新建"图层4"，这一层用来填充"兔爷"的脸部、头部和身体的主题颜色，在"色板"面板中建立"颜色组1"，把编辑好的颜色放入颜色组中，如图8-12～图8-16所示。

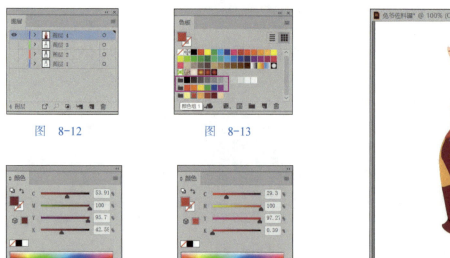

图 8-12　　　　　图 8-13

图 8-14　　　　　图 8-15　　　　　图 8-16

6）新建"图层5"，在这一层进行"兔爷"头部、脸部和身体等部位渐变颜色的填充。使用"渐变"工具编辑渐变颜色，在色板中添加渐变所需的颜色，放入"色板"面板中，如图8-17～图8-21所示。

注意： 渐变类型分为径向和线性。

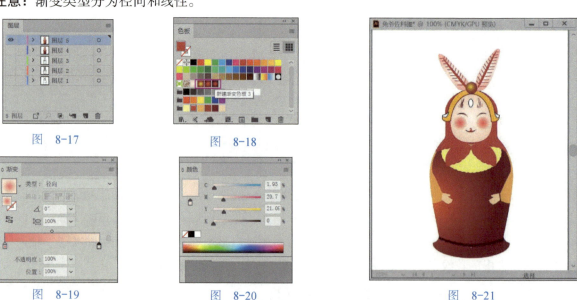

图 8-17　　　　　图 8-18　　　　　

图 8-19　　　　　图 8-20　　　　　图 8-21

7）新建"图层6"，添加装饰纹样，把准备好的文字矢量图形和几何纹样分别放置到围巾、胸前和袖子上作为装饰。使用"吸管"工具和"颜色渐变"面板，为绘制的矩形填充渐变红色，放置到"囍"字后面作为背景。给"囍"字和头巾上的荷花填充渐变颜色。绘制围巾上的点状图形，以及佐料罐下方的花边中的点状图形，如图8-22～图8-30所示。

图 8-22

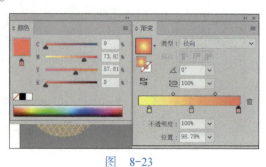

图 8-23

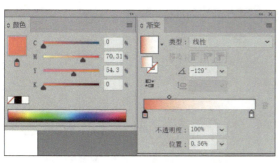
图 8-24
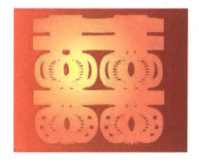
图 8-25

图 8-26

图 8-27

图 8-28

图 8-29

图 8-30

8）新建"图层 7"，把准备好的福寿纹的矢量图形添加进来，应用剪切蒙版，给"兔爷"的头巾、身体添加传统纹饰，为佐料罐添加更多的细节，如图 8-31～图 8-35 所示。

图 8-31

图 8-32

图 8-33

图 8-34　　　　　　　　　　　　　　图 8-35

9）调整更多细节，继续应用剪切蒙版调整荷花至适合头巾的轮廓，添加黑色阴影。继续调整袖子纹饰细节，给"兔爷"的耳朵添加一层渐变效果，如图 8-36～图 8-40 所示。

10）最后整理画面，给整个造型添加背景阴影，得到最终效果如图 8-41 所示。

图 8-36　　　　图 8-37　　　　图 8-38　　　　图 8-39

图 8-40　　　　　　　　　　　　　图 8-41

项目8 文创产品与文化元素海报制作

任务评价与拓展

评分标准

灵活应用工具的能力（30%）	再现画面的能力（30%）	艺术表现（20%）	质量与熟练度（20%）

把本任务重新制作一遍，复习已学过的命令、菜单、面板、快捷键等知识，熟练掌握制作方法和技巧，进行拓展练习，制作如图 8-42 所示的"兔爷"存钱罐。

图 8-42

任务2　文化元素海报制作

本任务主要学习文化元素海报的构思与设计过程，通过具体的制作过程，了解和掌握缩放工具组、形状工具组、混合工具、文字工具、渐变工具、钢笔工具组以及各类型面板等的使用技巧。

任务分析

在 Illustrator CC 中，应用高级几何图形工具组、钢笔工具组，结合调色面板组、编辑面板组和图形编辑面板组，制作文化元素海报。

本任务主要运用了工具箱中的"比例缩放"工具 、"矩形"工具 、"文字"工具 T、"钢笔"工具组 、"直接选择"工具 、"渐变"工具 、"画笔"工具 、"混合"工具 ，然后结合文件菜单、编辑菜单、选择菜单、对象菜单、视图菜单、窗口菜单，配合字符面板组、图层面板组、颜色面板组，来完成任务的制作。最终效果如图 8-43 所示。

任务实施

1)"泥人张"海报信息的收集与整理。以"泥人张"为元素的海报的构思与设计过程为主线，了解与掌握"泥人张"海报的设

图 8-43

计创意过程。

通过图书、报刊、互联网等渠道，收集"泥人张"的文字与图片资源，一些"泥人张"作品如图8-44所示。

图 8-44

对市面上现有的以"泥人张"作为元素的艺术作品与文创产品进行收集、整理与分析。分析构思与提炼最能凸显和表现"泥人张"特色的文字、色彩与图形元素，为下一步海报设计做准备。

2）"泥人张"海报设计主要元素提炼。选择能够体现"泥人张"典型特征的图形作为元素，对图形进行加工处理，如图8-45所示。

3）"泥人张"品牌字体的选择。找到一款最能体现与表达品牌特色的字体样式，如图8-46所示。

图 8-45　　　　　　　　图 8-46

4)"泥人张"海报中云纹的选择与图形的再设计,如图 8-47 所示。

5)"泥人张"海报中辅助图形的选择,如图 8-48 所示。

图 8-47

图 8-48

6)"泥人张"海报中手势的收集与选择,如图 8-49 所示。

7)"泥人张"海报中文字信息字体与色彩的选择,如图 8-50 所示。

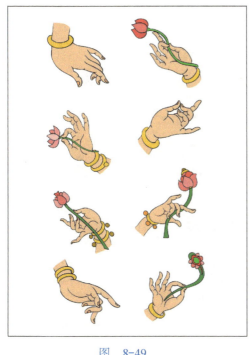

图 8-49

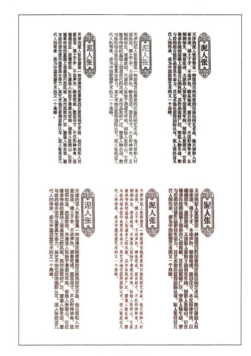

图 8-50

8)设计"泥人张"海报初稿。通过"泥人张"图形化字体、"泥人张"典型化图形样式,与再设计后的云纹相结合,以暖红色为基调作为设计主体,如图 8-51～图 8-55 所示。

9)设计"泥人张"海报草图。在确立"泥人张"海报主体风格的基础上,深入刻画主体文字图形的细节,并添加能代表泥塑手工技艺特征的手图形元素,增强艺术感染力,如图 8-56 和图 8-57 所示。

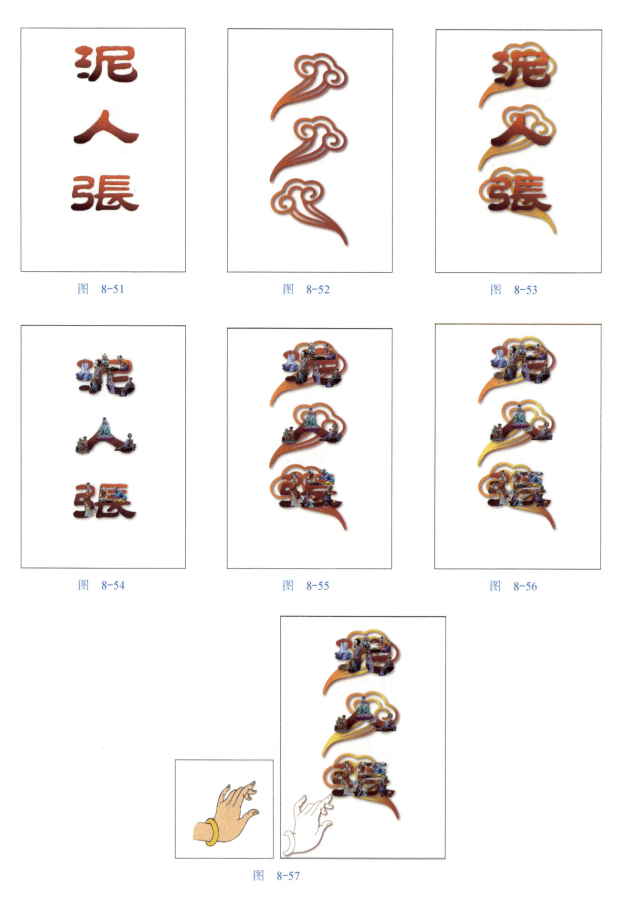

图 8-51　　　　　图 8-52　　　　　图 8-53

图 8-54　　　　　图 8-55　　　　　图 8-56

图 8-57

10）"泥人张"海报设计的修改与完善。为海报添加重要的文字信息，并进行图形化处理，使文字与主体视觉元素有很好的呼应，注意整个色调和风格的协调，以及版式的合理布局，使画面有很强的艺术感染力，如图 8-58 和图 8-59 所示。

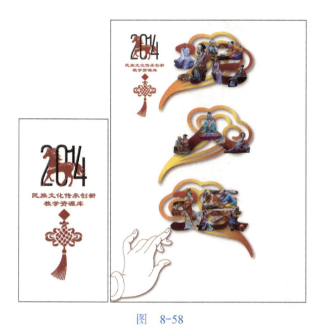

图 8-58

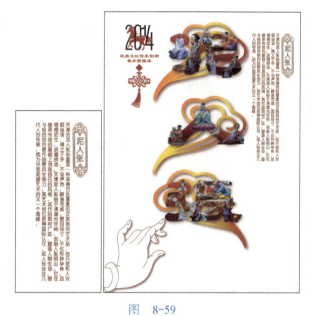

图 8-59

11）继续完善海报细节，把选择好的龙纹饰添加到背景中，并作艺术化处理，使海报看起来更加丰富和生动，如图 8-60 所示。

12）添加主题语"指尖上的中国"，放置到画面下方合适的位置，如图 8-61 所示。

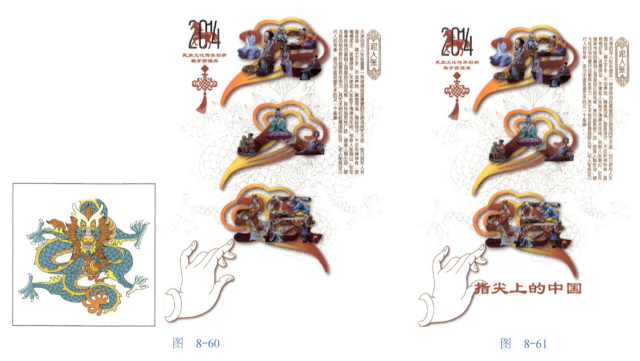

图 8-60　　　　　　　　　　　　　　　图 8-61

注：文件以 AI 格式保存，链接图以 PSD 分层图的形式打包放在一个文件夹里，如果需要导出图片进行打印，导出图片的分辨率必须为 300dpi，页面尺寸为 A4 大小，如果有特殊需要，页面尺寸可以更改。

任务评价与拓展

● 评分标准

灵活应用工具的能力（30%）	再现画面的能力（30%）	艺术表现（20%）	质量与熟练度（20%）

1）回顾一下"泥人张"海报的创意构思与设计制作过程，看看自己能否独立制作出一张完整的海报作品。

2）依据所学的二维绘图软件知识，看看自己是否能够灵活运用工具、菜单和面板组来处理各种特殊效果，完成海报设计的制作。

3）运用所学的编排设计知识，看看自己是否能够把文字、图形、色彩等要素布局的合理化，并具有一定的艺术特色。

4）通过"泥人张"海报设计的学习，看看自己是否能够举一反三，完成"泥咕咕"海报的制作，如图 8-62 所示。

图 8-62

项目小结

通过本项目的学习，熟练掌握文创产品制作任务的制作思路和制作流程；熟练掌握文化元素海报制作任务的制作思路和制作流程。

参 考 文 献

[1] 杨艺旋. 图形图像制作 Photoshop[M]. 上海：上海交通大学出版社，2018.

[2] 安德鲁. Adobe Photoshop 2020 经典教程 [M]. 张海燕，译. 北京：人民邮电出版社，2021.

[3] 凤凰高新教育. PS 教程：迅速提升 Photoshop 核心技术的 100 个关键技能 [M]. 北京：北京大学出版社，2021.

[4] 冯注龙. PS 之光：一看就懂的 Photoshop 攻略 [M]. 北京：电子工业出版社，2020.

[5] 蜂鸟网. 蜂鸟摄影学院 Photoshop 后期宝典 [M]. 北京：人民邮电出版社，2022.

[6] 布莱恩. Adobe Illustrator 2020 经典教程 [M]. 张敏，译. 北京：人民邮电出版社，2021.

[7] 赵飒飒. 中文版 Illustrator 商业案例项目设计完全解析 [M]. 北京：清华大学出版社，2019.

[8] 李涛. 高手之路 Illustrator 系统教程 [M]. 北京．人民邮电出版社，2021.

[9] 相世强. Illustrator 平面创意设计完全实训手册 [M]. 北京：清华大学出版社，2021.

[10] 水木居士. Photoshop Illustrator 平面设计实用教程 [M]. 北京：人民邮电出版社，2022.

[11] 于萌萌. Photoshop＋Illustrator 商业案例项目设计完全解析 [M]. 北京：清华大学出版社，2020.